中航工业检测及焊接人员资格鉴定与认证
系列培训教材

航空非金属材料性能测试技术
5 复合材料

航空非金属性能鉴委会　　组织编写

张子龙　向　海　雷兴平　编　著

U0228785

化学工业出版社

·北京·

　　本书系统介绍了复合材料的种类、结构、制备、性能、用途等基础知识和工艺特征、性能测试等专业知识，重点描述了材料的性能测试方法，包括试验原理、试验方法、操作步骤要求、数据处理、试验异常处理等。试验方法基本覆盖了航空、航天对该材料的各项性能要求，并与国外相应的试验方法进行了比较；性能测试从原理入手，对设备和试样、试验步骤、数据处理及影响因素进行阐述。

　　本书是系统学习航空非金属材料性能检测方法的培训教材，其知识结构和深度符合 HB 7475 中 Ⅱ 级资格证的要求。适用于复合材料技术人员，尤其是检测人员阅读。

图书在版编目（CIP）数据

　　航空非金属材料性能测试技术　5. 复合材料/张子龙，向海，雷兴平编著；航空非金属性能鉴委会组织编写. —北京：化学工业出版社，2014.7（2023.8 重印）
　　ISBN 978-7-122-20491-2

　　Ⅰ. ①航… 　Ⅱ. ①张… ②向… ③雷… ④航… 　Ⅲ. ①航空材料-非金属材料-性能检测②航空材料-非金属复合材料-性能检测 　Ⅳ. ①V250.2

　　中国版本图书馆 CIP 数据核字（2014）第 081233 号

责任编辑：李晓红　　　　　　　　　　　　文字编辑：糜家铃
责任校对：王素芹　　　　　　　　　　　　装帧设计：王晓宇

出版发行：化学工业出版社（北京市东城区青年湖南街 13 号　邮政编码 100011）
印　　装：北京科印技术咨询服务有限公司数码印刷分部
710mm×1000mm　1/16　印张 10½　字数 186 千字　　2023 年 8 月北京第 1 版第 6 次印刷

购书咨询：010-64518888　　　　　　　　售后服务：010-64518899
网　　址：http://www.cip.com.cn
凡购买本书，如有缺损质量问题，本社销售中心负责调换。

定　　价：49.00 元　　　　　　　　　　　　版权所有　违者必究

编审委员会

公元前 2025 年的汉谟拉比法典，就提出了对制造有缺陷产品的工匠给予严厉的处罚，当然，在今天的以人为本的文明世界看来是不能予以实施的。即使在当时，汉谟拉比法典在总体上并没有得到真正有效的实施，其主要原因在于没有理化检测及评定的技术和方法用以评价产品的质量以及责任的归属。从公元前 2025 年到世界工业革命前，对产品质量问题处罚的重要特征是以产品质量造成的后果和负责人为对象的，而对产品制造过程和产品质量的辨识只能靠零星、分散、宏观的经验世代相传。由于理化检测和评估技术的极度落后，汉谟拉比法典并没有解决如何判别造成质量问题和失效的具体原因的问题。

近代工业革命给人类带来了巨大物质文明，也不可避免地给人类带来了前所未有的灾难。约在 160 多年前，人们首先遇到了越来越多的蒸汽锅炉爆炸事件。在分析这些失效事故的经验教训中，英国于 1862 年建立了世界上第一个蒸汽锅炉监察局，把理化检测和失效分析作为仲裁事故的法律手段和提高产品质量的技术手段。随后在工业化国家中，对产品进行检测和分析的机构相继出现。而材料和结构的检测开始受到重视则是近半个世纪的事情。第二次世界大战及后来的大量事故与故障，推动了力学、无损、物理、化学和失效分析的快速发展，如断裂力学、损伤力学等新兴学科的诞生以及扫描电镜、透射电镜、无损检测、化学分析等大量的先进分析设备等的应用。

毋庸置疑，产品的质量可靠性要从设计入手。但就设计而言，损伤容限设计思想的实施就需要由无损检测和设计用力学性能作为保证，产品从设计开始就应考虑结构和产品的可检性，需要大量的材料性能数据作为设计输入的重要依据。

就材料的研制而言，首先要检测材料的化学成分和微观组织是否符合材料的设计要求，性能是否达到最初的基本设想。而化学成分、组织结构与性能之间的协调关系更是研制高性能材料的基础，对于材料中可能存在的缺陷，更需要无损检测的识别并通过力学损伤的研究提供判别标准。

就构件制造而言，一个复杂或大型结构需要通过焊接来实现，要求在结构设计时就对材料可焊性和工艺可实施性进行评估，使选材具有可焊性，焊接结构具有可实施性，焊接接头缺陷具有可检测性，焊接操作者具有相应的技能水平，这样才能获得性能可靠的构件。

检测和焊接技术在材料的工程应用中的作用更加重要。失效分析作为服役行为和对材料研制的反馈作用已被广泛认识，材料成熟度中也已经考虑了材料失效模式是否明确；完善的力学性能是损伤容限设计的基础，材料的可焊性、无损检测和失效模式不仅是损伤容限设计的保证，也是产品安全和可靠使用的保证。

因此，理化检测作为对材料的物理化学特性进行测量和表征的科学，焊接作为构件制造的重要方法，在现代军工产品质量控制中具有非常重要的地位和作用，是武器装备发展的重要基础技术。理化检测和焊接技术涉及的范围极其广泛，理论性与实践性并重，在军工产品制造和质量控制中发挥着越来越重要的作用。近年来，随着国防工业的快速发展，材料和产品的复杂程度日益提高，对产品安全性的保证要求越来越严格；同时，理化检测和焊接新技术日新月异，先进的检测和焊接设备大量应用，对理化检测和焊接从业人员的知识、技能水平和实践经验都提出了更高的要求。

为贯彻《军工产品质量管理条例》和GJB《理化试验质量控制规范》，提高理化检测及焊接人员的技术水平，加强理化实验室的科学管理和航空产品及科研质量控制，中国航空工业集团公司成立了"中国航空工业集团公司检测及焊接人员资格认证管理中心"，下设物理冶金、分析化学、材料力学性能、非金属材料性能、无损检测、失效分析和焊工七个专业人员资格鉴定委员会，负责组织中航工业理化检测和焊接人员的专业培训、考核与资格证的发放工作。为指导培训和考核工作的开展，中国航空工业集团公司检测及焊接人员资格认证管理中心组织有关专家编写了"中航工业检测及焊接人员资格鉴定与认证系列培训教材"。

这套教材由长期从事该项工作的专家结合航空工业的理化检测和焊接技术的需求和特点精心编写而成，包括了上述七个专业的培训内容。教材全面、系统地体现了航空工业对各级理化检测和焊接人员的要求，力求重点突出，强调实用性而又注意保持教材的系统性。

这套教材的编写得到了中航工业质量安全部领导的大力支持和帮助，也得到了行业内多家单位的支持和协助，在此一并表示感谢。

中国航空工业集团公司
检测及焊接人员资格认证管理中心

以高分子为基础的非金属材料，包括复合材料、橡胶、密封剂、塑料、纺织材料、胶黏剂、油料、涂料等 8 类材料，由于具有密度小、重量轻等优点，在飞机、火箭等航空、航天器上的应用日益广泛和重要。以复合材料为例，在 B787 的飞机结构重量中占 50% 以上，在 A380 飞机上占 25% 以上，且应用于机翼、机身、垂尾、平尾、地板梁、整流罩、部分舱门、发动机机匣等重要部位。橡胶密封件用于飞机、航天器的液压系统、滑油系统、燃油系统、环境控制系统等，需在使用温度、系统压力等作用下具有良好的密封稳定性，否则影响飞行器的可靠性，甚至发生重大飞行事故，如美国挑战者号航天飞机就因密封圈失效造成了空中爆炸。密封剂是飞机整体油箱的关键材料，燃料性能更是飞机飞行安全的保证，等等。总之，非金属材料作为重要功能材料或结构材料，其性能直接决定了飞行器的飞行安全性和经济性。

航空非金属材料的性能测试，作为航空工业的重要技术基础，是确保装机产品质量，实施产品质量控制的重要手段。

中航工业非金属性能鉴定委员会（以下简称鉴委会）是"中国航空工业集团公司检测及焊接人员资格认证管理中心"下属的 7 个专业人员资格鉴定委员会之一，其主要任务是依据 HB7475《航空非金属性能检测人员的资格鉴定》对从事航空非金属材料性能测试的人员进行技术培训和资格考核。鉴委会成立于 1989 年，25 年来为国内航空工业培训并考核了数千名非金属材料性能检测人员，同时也有来自包括航天、兵器、核工业、空军修理厂、汽车制造业等行业的检测人员。

为配合培训和考核工作的开展，20 世纪 90 年代初，鉴委会的张向宇、杨利东、邵毓俊、杜灵玄、周以琏、陈慧敏等同志编写了《非金属性能检测丛书》，包括《复合材料测试》、《塑料测试》、《胶黏剂测试》、《橡胶测试》、《密封剂测试》、《特种纺织品及性能检测》、《涂料测试》、《油料测试》8 个分册，在对检测人员的培训和资格鉴定过程中发挥了重要作用。随着航空工业的发展，新材料、新技术、新设备的不断涌现，需要重新编写培训教材。从 2002 年开始，鉴委会编写了新的培训教材，并随后逐年进行修订、更新。在此基础上，2011 年对教材再次进行全面更新，经过近 3 年的试用和完善，完成了这套《航空非金属材料性能测试技术》的编著。

《航空非金属材料性能测试技术》按材料类别分为 5 个分册，包括《橡胶与密封剂》、《塑料与纺织材料》、《胶黏剂》、《油料与涂料》和《复合材料》，与新修订的 HB7475《航空非金属性能检测人员的资格鉴定》的专业划分相适宜，也与各航空企业内测试专业的设置相符合。各分册的章节设置大致相同，简要介绍了材料的结构、组成等基础知识，工艺特征、性能测试等专业知识；重点阐述了材料的性能测试方法，包括试验原理、试验方法、操作步骤要求、数据处理、试验异常处理和案例分析等，旨在提高检测人员的检测水平和对实验数据处理、分析能力，其知识结构和深度符合 HB7475 的要求。

《航空非金属材料性能测试技术》是为中航工业航空非金属材料性能检测人员技术培训、考核和资格鉴定工作编写的，也可作为其他从事非金属材料性能检测的专业人员学习和参考。编著者均为中航工业科研院所及飞机、发动机厂的专业人员，有着 20 多年从事航空非金属材料性能测试的技术、学术实践和培训教学经验。

其中，复合材料性能测试技术，是复合材料性能表征与评价的重要方法，是航空复合材料结构应用的重要基础，也是确保产品质量、实施产品质量控制的重要手段。《复合材料》分册由张子龙、向海、雷兴平编著。在编写过程中，参考了国内外的相关著作、资料和标准。在介绍相关测试技术的同时，注重结合国内外的发展现状，分析相关测试方法的特点及应用背景，旨在帮助测试人员加深对测试技术的理解。全书共分 6 章，第 1 章介绍了复合材料基础知识，第 2 章为组分材料的试验表征，第 3 章为复合材料物理性能试验，第 4 章为复合材料层合板基本力学性能试验，第 5 章介绍了复合材料开孔、韧性及损伤相关的测试技术，第 6 章为蜂窝夹层结构性能测试技术。

由于水平有限，书中难免有疏漏和错误之处，敬请读者批评指正。

编著者
2014 年 5 月

目录 | CONTENTS | ///////////////////////

1

基础知识

现代复合材料应用是从 20 世纪 30 年代开始的，最早应用的是玻璃纤维增强树脂基复合材料。经过几十年的发展，复合材料应用技术得到了迅猛发展，先后出现了碳纤维、硼纤维、芳纶纤维等多种纤维，以及多种复合材料体系。

我国的复合材料发展起始于航空航天的应用，碳纤维增强的树脂基复合材料成为应用的主要材料，到了 20 世纪 80 年代，航空复合材料的应用开始从次承力结构件向主承力结构件（如机身、机翼、直升机旋翼等）发展。目前，以碳纤维复合材料为主体的先进复合材料已经广泛地应用于航空、航天和其他工业领域，成为一类重要的结构材料。复合材料的应用程度已经成为现代先进飞机结构设计的重要标志之一。目前，商用飞机复合材料的用量已达到其结构重量的 50％以上。复合材料在产品中的应用日益增加，包括运动器材、桥梁、建筑材料、汽车、舰船、飞行器、卫星等，几乎涉及所有工程领域。相信在不久的将来，复合材料在航空上的应用水平会获得重大的突破。

1.1 复合材料的特点及其分类

1.1.1 复合材料的定义

复合材料是由两种或者更多种材料组成的，每种材料在宏观水平相互结合且互不相容。其中有一种材料被称为增强相，而另有包覆增强相的一相被称为基体，通常基体都是连续的。增强相的形态是多种多样的，可以是连续纤维，或是连续纤维织物，也可以是短切纤维，颗粒状或是晶须状，图 1-1 为典型的各种形态增强体构成的复合材料组成示意图。两相或多相材料复合后获得的新材料的物理及力学性能得到显著的改善，从而获得了比传统材料更优异的复合材料。复合材料的承载能力主要由增强相提供，一般情况下，最常见的基体相是工程中通常用到的树脂材料。

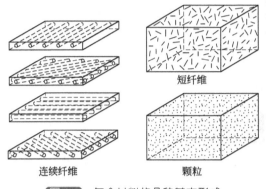

短纤维

连续纤维　　　　　颗粒

图 1-1　复合材料的几种基本形式

1.1.2　复合材料的特点

与常规材料相比，复合材料具有非常显著的特点，其特点主要体现在以下几个方面。

(1) 比强度、比模量高　航空航天应用中往往对结构的重量非常敏感，应用复合材料最主要的原因就在于其良好的比强度和比模量。所谓材料的比强度与比模量是对材料性能与自身重量的一个非常重要的衡量参数。

比模量：材料的弹性模量与其密度之比定义为比模量。

比强度：材料的强度与其密度之比定义为比强度。

复合材料的比强度和比模量都很高，可以大幅度减轻结构重量，是现代航空航天理想的结构材料。表 1-1 列出了几种材料的性能数据。

表 1-1　典型结构材料的力学性能

材　　料	相对密度	弹性模量 /GPa	拉伸强度 /MPa	比模量 /(GPa·cm³/g)	比强度 /(MPa·cm³/g)
高模碳纤维	1.90	390	2100	205	1100
高强碳纤维	1.85	240	3500	130	1890
芳纶纤维	1.50	130	2800	87.0	1870
E-玻璃纤维	2.54	72.4	3500	28.5	1380
S-玻璃纤维	2.48	85.5	4600	34.5	1850
单向碳/环氧	1.60	181	1500	113	938

续表

材　　料	相对密度	弹性模量 /GPa	拉伸强度 /MPa	比模量 /(GPa·cm³/g)	比强度 /(MPa·cm³/g)
单向玻璃/环氧	1.80	38.6	1062	21.4	590
硼纤维	2.63	385	2800	146	1100
结构钢	7.80	206	1009	26.4	129
铝合金	2.80	73.5	460	26.3	164
钛合金	4.50	112	940	24.8	209

从表中数据可见：单向碳/环氧复合材料的比强度是铝合金的 4 倍，是钛合金的 3 倍多；其比模量是铝合金、钛合金的 5 倍多。通过在结构中应用复合材料，可以在确保不降低性能的前提下，实现有效的减重。航空复合材料的实际应用实践表明，与铝合金这样的常规轻质合金材料相比，采用复合材料仍可实现 25%～50% 的结构减重。即使是在一些需要使用复合材料厚板的情况下，总体上也能够实现减重的效果。

（2）材料具有可设计性 复合材料由各向异性的单层组成，通过改变每一层的铺层方向及层总数，可以根据需要设计出满足应用要求的结构。实际上，航空结构上每个复合材料件都是经过精心设计的，以确保结构的强度、刚度、动态响应特性及耐疲劳等方面都符合设计要求，且通过各种严格的、从材料到结构多层次的试验考核，才能够生产并装机使用。复合材料的可设计性不仅体现在其各项力学性能参数具有可设计性，而且物理参数也具有可设计性。例如航天上应用的零膨胀结构，就是通过复合材料层合板的铺层比例、铺层方向的设计，来实现层合板的热膨胀系数非常小的应用目标的，这种结构可以在温度差异非常大的外太空环境下，保持结构尺寸的良好稳定性。

（3）良好的耐疲劳性能 大量的应用实践表明，复合材料的耐疲劳性能明显优于金属材料，且由于复合材料的疲劳破坏过程与金属材料大不相同，最初的损伤起始于基体开裂及界面分层，在这种疲劳损伤扩展过程中，具有明显的稳定扩展段，这就使得复合材料在已经具有明显疲劳损伤的情况下，仍具有足够的剩余强度与寿命，且在破坏前有明显的预兆。

因而，采用复合材料结构，在实现减重效果的同时，可以获得比采用金属材料结构更好的性能。对结构性能最显著的改善体现在结构的韧性及耐久性等方面，可以提高结构的使用寿命及可靠性，节省维护及更换部件的费用，因而从长远使用角度考虑，复合材料的使用成本与金属材料相比具有很好的竞争力。

（4）工艺简便易于成型 复合材料可以成型各种型面的零件，这是采用复合材料的最大优越性之所在。有时还可以一次成型，甚至是整体结构，大大减少了零部件的数量及机加工的次数，从而也减少了紧固件与连接件的应用数量，减少了装配技术环节，有利于总体减轻结构的重量，降低制造成本。利用复合材料的可设计性，还可以根据使用要求，对结构特定的区域或部位很方便地进行局部强化，从而实现结构件的最优化。减少结构紧固与连接的直接好处还体现在有效地提高了结构的可靠性。

尤其是近年来发展的三维编织及相应的低成本制造技术的出现，可以制造形状更为复杂的复合材料件，而且能够有效简化工艺过程，提高复合材料的生产效率。

(5) 结构功能一体化 应用中有时对材料提出各种类型的功能要求，如隔热、减震降噪、耐腐蚀、吸波、透波等。复合材料中的很多种纤维都具有很好的阻尼特性，这是许多种功能材料所需要的重要技术参数，而多数树脂基体材料的耐化学腐蚀特性是很优异的。还可通过调整基体材料的成分配方，添加功能成分、表面涂层、表面贴层等手段实现所需功能要求，而增强相的存在，又可以保持材料本身性能不降低或降低很少，从而实现结构功能一体化。

综上所述，随着复合材料制造技术的不断发展，复合材料结构与金属结构相比，变得越来越有竞争力。

1.1.3 复合材料的分类

目前，复合材料的分类方法有很多种，取决于人们对材料的认识以及不同的考察视角。一般来说，复合材料的分类方法可以按基体材料、增强材料、纤维状态、应用情况或结构应用等情况进行分类，见表1-2。其中有些分类方法不一定很全面，但这些都是在实际应用中很常用的分类方法。

表 1-2　复合材料的分类

分 类 方 式	名　称	说　明
按增强材料分	颗粒增强复合材料	增强材料为微小颗粒
	纤维增强复合材料	增强材料为直径近似于晶体大小的纤维
按基体材料种类分	金属基复合材料	基体材料为金属材料，如铝、钛等
	聚合物基复合材料	基体材料为聚合物材料
	陶瓷基复合材料	基体材料为陶瓷材料
按应用情况分	工程复合材料	工程上广泛应用的复合材料，如玻璃纤维增强复合材料
	先进复合材料	具有高比强度和高比模量的复合材料
	功能复合材料	具有特殊性能的复合材料，如红外隐身复合材料

续表

分类方式	名 称	说 明
按纤维状态分	连续纤维增强复合材料	以连续纤维为增强体的复合材料
	短切纤维增强复合材料	由短切的纤维定向或无规则地分散在基体材料中来达到增强目的的复合材料
按增强体结构形式分	层合结构复合材料	由若干个单层铺叠制成的层合板式复合材料
	缠绕结构复合材料	由长纤维或织物用缠绕的方式制成的复合材料
	织物增强复合材料	增强体为二维或者三维织物的复合材料

1.1.4 单层、单向板与层合板

实际结构中应用的复合材料通常由若干个单层构成，还可以根据实际应用的需要，在特殊的部位，按照一定的规则实现增减层。任何复杂形状的结构，都是由若干个单层构成的。单层是构成层合复合材料的最小材料组成单位，单层由单向纤维或织物构成的单一平面层，又称为层。实际上，单层是宏观上构成复合材料的最小结构单元。层合板则是由若干个单层，按照一定的规则铺叠而成的。通过改变单层的铺层角度与比例，可以实现复合材料层合结构的可设计性。获取单层性能是复合材料性能试验的重要任务。传统意义上的单层由定向铺设的纤维和基体材料构成，为了便于描述，通常建立如图 1-2 所示的坐标系。

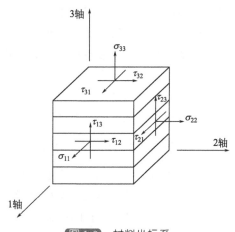

图 1-2 材料坐标系

工程上，要独立描述复合材料的基本性能需要如下性能参数。

E_{1T}：沿纤维方向的拉伸弹性模量，GPa；

E_{2T}：垂直纤维方向的拉伸弹性模量，GPa；

μ_{12}：主泊松比；

E_{1C}：沿纤维方向的压缩弹性模量，GPa；

E_{2C}：垂直纤维方向的压缩弹性模量，GPa；

G_{12}：1—2 面内正轴方向的剪切模量，GPa；

X_T：沿纤维方向的拉伸强度，MPa；

Y_T：垂直于纤维方向的拉伸强度，MPa；

X_C：沿纤维方向的压缩强度，MPa；

Y_c：垂直于纤维方向的压缩强度，MPa；

S_{12}：在 1—2 面内正轴方向上的剪切强度，有时又称为纵横剪切强度。

上述材料性能又称为工程常数，共有 11 个，是经典层合板理论表征复合材料性能所需的最基本参数，可以很好地适用于薄板情况。工程实际应用时，还需要表征上述材料性能在环境温度、湿度等条件下的变化情况。

除了工程常数外，已有一些试验方法，可以得到第 3 轴方向上的拉伸（或压缩）弹性模量与强度等。

单层性能是设计分析的基石，工程上，复合材料基本材料性能表征就是单层性能的表征，而大量的单层性能是通过对单向板进行试验来获得的。所谓单向板就是由若干个方向相同的单层铺叠而成的一种特殊层合板。这种试验目前已经形成了各种不同版本的标准。

常规的层合板一般包含 3 种或者 3 种以上的铺层角度，最常用的角度有 0°、90°、±45°等（其中仅含有上述 3 种角度铺层的层合板又称为 π/4 层合板）。这种层合板承受面内各方向载荷的能力比较均衡。铺层的方向、层数以及各角度之间的比例取决于实际的载荷情况。实际上，如何通过铺设不同角度、比例以及层数来获得复合材料层合结构的最佳性能，以适应实际需求，是结构设计的重要内容。借助于经典层合板理论、连续介质力学以及有限元法，可以帮助设计者更好地建立复合材料基本性能与层合结构之间的性能关联关系。

为了避免结构及工艺上的变形问题，工程上常用的层合板往往采用具有特定对称面的铺层方案，这就是所谓的均衡且对称的铺层形式。

1.1.5　复合材料的性能与材料形式

复合材料力学性能试验及数据处理方法与材料结构密切相关，很难找出一种普适的方法，以适应所有种类的复合材料。例如，连续纤维增强复合材料与短切纤维或颗粒增强复合材料的试验方法和数据处理方法可能会有较大差异，因为前者具有明显的各向异性特点，在纤维方向具有明显的性能优势，而后者可以看作准各向同性材料。因此，讨论复合材料的性能表征方法，必须充分考虑材料的基本特征，脱离了材料的基本特征去讨论材料的拉伸、压缩、剪切和弯曲等是没有任何意义的。因此，必须充分考虑加载方向、材料特性以及弹性主轴方向等信息。

1.2　复合材料的组成及其成型工艺

1.2.1　复合材料的组成

1.2.1.1　增强纤维

用于复合材料的纤维材料有很多种，而且还在不断增加新的品种。目前应用最为广泛的有玻璃纤维、碳纤维和芳纶纤维等。除了以连续纤维的形式应用外，还有短切纤维，这种短切纤维状态一般不用于主承力结构。二维或三维的编织结构也是较为常用的增强体形式。

(1) 玻璃纤维 玻璃纤维是由含有各种金属氧化物的硅酸盐类，经熔融后抽丝制成。玻璃纤维的最终组成是由各种金属氧化物和二氧化硅组成的混合物，属于无定形的离子结构物质。

根据化学成分中的碱金属氧化物含量，可以分为：①无碱玻璃纤维，碱金属氧化物的含量小于1%；②低碱玻璃纤维，碱金属氧化物的含量为2%～6%；③中碱玻璃纤维，碱金属氧化物的含量为6%～12%；④有碱玻璃纤维，碱金属氧化物的含量大于12%。

玻璃纤维具有如下特点：①具有较高的拉伸强度，但模量较低。破坏呈脆性特征，无明显屈服。②在使用温度范围内，耐热性较好。③良好的热物理性能，热导率较低，是一种良好的绝热材料，线膨胀系数也较低。④很好的耐酸（氢氟酸除外）、碱及各种有机溶剂特性，是一种优良的耐腐蚀材料。⑤良好的电绝缘特性，在 10^2 Hz 时，$\varepsilon = 6.43$，介电损失角 $\tan\delta$ 为 0.0042，在 10^{10} Hz 时，$\varepsilon = 6.11$，介电损失角 $\tan\delta$ 为 0.006。

根据使用条件，可以分别选用不同品种的玻璃纤维，常用的有：①E-玻璃纤维，无碱玻璃纤维；②C-玻璃纤维，耐酸玻璃纤维；③S-玻璃纤维，高强度玻璃纤维；④G_{20}玻璃纤维，耐碱玻璃纤维；⑤M-玻璃纤维，高模量玻璃纤维。

除了以纤维形式直接使用外，玻璃纤维还常常以织物的形式出现，玻璃纤维短切毡也是一种较为常见的使用形式。

(2) 碳纤维 碳纤维是目前航空复合材料结构中应用最广泛的纤维，它是20世纪60年代研制成功的一种高强度、高模量的材料。它一般采用人造纤维（如黏胶纤维、醋酸纤维或者聚丙烯腈纤维）来制造，也可以采用沥青、木质素纤维等制造，目前多采用聚丙烯腈纤维为原料来制造。

碳纤维具有高强度和高模量的特点，表 1-3 给出了经常遇到的碳纤维的基本性能。碳纤维的破坏方式基本上属于脆性断裂，其应力-应变关系呈线性，没有塑性变形。

表 1-3 典型碳纤维基本性能

纤维牌号	每束单丝数/根	拉伸强度/GPa	拉伸模量/GPa	断裂伸长率/%	每千米质量/(g/km)	密度/(g/cm³)
T300	1000 3000 6000 12000	3.53	230	1.5	66 198 396 800	1.76

续表

纤维牌号	每束单丝数 /根	拉伸强度 /GPa	拉伸模量 /GPa	断裂伸长率 /%	每千米质量 /(g/km)	密度 /(g/cm³)
T400H	3000 6000	4.41	230	1.8	198 396	1.80
T700SC	12000 24000	4.90	230	2.1	800 1650	1.80
T800H	6000 12000	5.49	294	1.9	223 445	1.81
T1000	12000	5.59	294	2.4	448	1.82
M30	6000 12000	3.92	294	1.3	320 640	1.70
M40	6000 12000	2.74	392	0.6	364 729	1.81
M40JB	6000 12000	4.4-	377	1.2	225 450	1.75
M50	1000 3000	2.45	490	0.5	60 180	1.91
M50JB	6000	4.12	475	0.9	216	1.88
M55J M55JB	6000	4.02	540	0.8	218	1.91
M60JB	3000 6000	3.82	588	0.7	103 206	1.93
AS4	3000 6000 12000	4.28	228	1.87	210 427 858	1.70
AS4C	3000 6000 12000	4.35	231	1.88	200 400 800	1.78
IM7	6000 12000	5.18	276	1.87	223 446	1.78

碳纤维是很好的热及电的导体，沿纤维方向的热膨胀系数很低，约为 $0.072 \times 10^{-6}/℃^{-1}$。碳纤维具有很好的耐酸碱腐蚀能力。

(3) 芳纶纤维　芳纶纤维是一种具有高强度、高模量的有机纤维，目前，最成功的商用有机纤维是由杜邦公司开发的，其商品名为 Kevlar，化学名称为聚对苯二酰胺，化学结构式如图 1-3 所示。

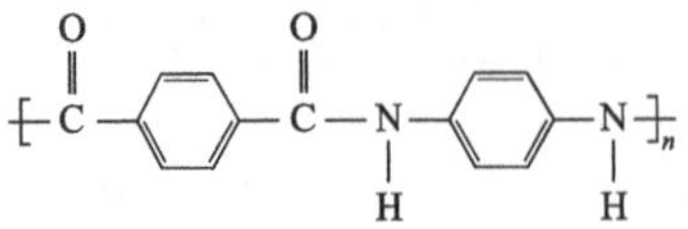

图 1-3　芳纶纤维的化学结构式

芳纶纤维具有很好的物理与力学性能。芳纶

纤维具有拉伸强度和模量高的特点，Kevlar 49 纤维的拉伸强度在 2.8GPa～3.6GPa 之间，而弹性模量为 125GPa；芳纶纤维破坏呈韧性断口，断裂前有明显的缩颈，在断裂前有很大的局部伸长；芳纶纤维重量轻，密度仅为 1.45g/cm³，芳纶纤维电导率很低，热膨胀系数也很低，具有很好的尺寸稳定性；芳纶纤维可以耐各种有机溶剂，但不耐强酸和强碱，耐紫外线性能较差。

芳纶纤维的另外一个重要缺点在于其承受压缩载荷的能力很差，压缩强度与其他种类的纤维明显不同，芳纶纤维的压缩强度明显低于其拉伸强度，从力学的观点来看，是由于其纤维的各向异性特性和其较低的剪切模量造成的。

芳纶纤维有多种牌号如 Kevlar 29、Kevlar 49、Kevlar 149 等，其中在航空工业中应用最多的是 Kevlar 49。

1.2.1.2 **基体材料**

基体材料主要起到保持复合材料整体性的作用，传递纤维之间载荷，同时又是纤维材料的外层保护层。基体材料承受部分载荷，尤其是承受横向载荷与剪切载荷，所说的基体控制的性能主要就是取决于基体性能，例如横向强度与弹性模量、层间性能等，更为重要的是，复合材料的耐温特性主要取决于其基体材料。

复合材料的基体材料可以分为热固性和热塑性两种类型。航空工业中应用最多的热固性基体材料是环氧树脂。基体材料是复合材料的一个重要部分，设计复合材料结构的首要步骤就是选择合适的基体材料。选择基体材料需要考虑的主要因素是其力学性能，包括环境下的力学性能，如果有功能上的需求，如介电、阻燃等，还需要考虑基体材料的其他功能性因素。一旦选定了基体材料，接下来就是确定适合该基体材料的相应工艺方法。

简言之，基体材料选取的一般原则首先是其基本力学性能，其次是耐环境特性、功能性、工艺性以及成本等。

(1) 热固性基体材料 热固性基体材料是应用最普遍的复合材料基体体系，这类树脂在固化时形成交联，这种固化反应是不可逆的，因此固化后的热固性树脂加热不再软化。通常这类材料的熔融黏度低，纤维浸润性好以及成型温度范围较宽，因而得以广泛用作复合材料基体材料。其中常用的有下列几种树脂。

酚醛树脂是工业上应用最早的合成树脂。它的主要特点是耐热好，能在150℃～200℃温度范围内长期使用，且能耐瞬时的超高温，吸水性小，电绝缘性能好，耐腐蚀，尺寸稳定性好。它的价格便宜，广泛地用于电器、电机的绝缘材料和耐高温材料。它的主要缺点是成型温度较高，压力较大。它的强度较低，所以很少在大型构件上应用。

环氧树脂是先进复合材料体系最常用的基体。环氧树脂的主要特点是强度高，耐介质性能好，热物理性能好，具有很好的尺寸稳定性，工艺性好，可以与多种纤维形成很好的粘接界面。通常的环氧体系中都添加了热塑性或其他辅助剂，以改善环氧树脂的脆性及耐温等特性。常见的环氧树脂有 120℃ 和 177℃ 固化体系，分别适应于不同温度的应用背景。

双马来酰亚胺是一种比环氧耐温稍好的树脂体系，近来也应用较多，在航空结构制造中，有替代环氧树脂的趋势。双马来酰亚胺树脂是由顺丁烯二酸酐与二元胺合成的一种聚合物，结构中的不饱和键能在较低的温度下与活泼氢化物或其他双键化合物反应，形成稳定的耐热聚合物。由于它比较脆，所以大多采用改性双马来酰亚胺。

聚酰亚胺树脂具有良好的耐热性和抗氧化性，它的工作温度高，可用作发动机和尾喷口的热端零件，它的主要缺点在于成型温度和压力高，给成型工艺带来了一定的困难。

(2) 热塑性基体材料　与热固性材料相比，热塑性材料的主要优点是韧性好，抗冲击性能好，可以修补。常用的热塑性基体材料有聚醚醚酮（PEEK）、聚醚酮（PEK）、聚醚砜（PESF）、聚苯硫醚（PPS）等，其中用得最多的是聚醚醚酮。

热塑性复合材料在成型时并没有发生化学反应，而只是经历了一个物理变化过程，材料受热软化，当成型过程结束后，随温度降低又重新变硬，这样就完成了一个工艺周期。热塑性树脂在成型温度下的黏度很高，树脂流动所需剪切应力很高，会导致纤维混乱和损伤，为了避免这种情况，需要采取措施以降低黏度及其对工艺的影响。为了能使基体与纤维充分混合，常常采取一些措施来增加纤维与基体材料间的接触，如采用混合纤维束或混编布的方法。当然这些方法导致工艺环节的增加，增加了工艺的成本。

1.2.1.3　预浸料与预成型体

(1) 预浸料　当复合材料使用真空袋、模压、热压罐等工艺方法成型时，往往需要采用预浸料作为原材料，预浸料是复合材料工艺中一种重要的材料形式。预浸料制备过程就是将增强体材料（纤维）与基体材料预先浸润，制成浸好胶的单层材料，以备后续工艺使用。预浸料的增强体可以是单向连续纤维、二维织物、短切毡等形式。

单向预浸料的纤维沿同一方向平直排列，浸渍树脂后粘接成片状，只有经向纤维。有时为了维持单向预浸料，也少量加入纬向纤维，但含量极少，一般不超过 10%。

织物预浸料是在织物上浸渍树脂而形成的，织物预浸料便于较为复杂的型面成型，已被广泛使用。织物预浸料的品种很多，可以根据产品的特点，选取不同规格。

预浸料制作方法有干法和湿法两种。所谓干法是直接将树脂加热熔融后与纤维制备预浸料，湿法则是用树脂溶液浸渍纤维制备预浸料。图 1-4 给出的是采用湿法制备预浸料的工艺流程示意图。

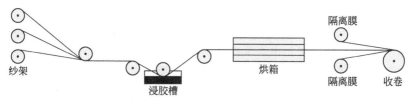

图 1-4 湿法制备预浸料工艺流程示意

预浸料是制造复合材料构件的重要原材料，对复合材料制品的最终质量有至关重要的影响，因此，必须特别注意，其使用与存放都应严格按照相应工艺技术文件的规定执行。一般需要在低温密闭环境下保存，取出冷库置于净化间内待一定时间恢复至室温后，才能打开密封袋取样或下料，取好的试样应在规定的外置时间内测试完毕。

(2) 预成型体 为了工艺上方便，经常把纤维与基体以某种形式预先制成预成型体。这种预成型体可以是纤维与基体浸渍好的，也可以是单独纤维或其织物制成预成型体。对于单独纤维形式的预成型体，往往需要在纤维上浸有预定型剂，以保持纤维预成型体的整体性与贴合性。这种预定型剂应与基体树脂互溶。纤维预成型体可以是二维织物、三维织物等形式（见图 1-5）。

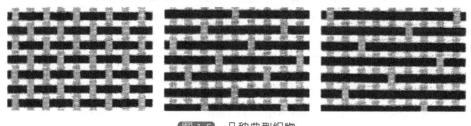

图 1-5 几种典型织物

在复合材料成型前，也可以把纤维与基体混合做成预成型体，以获得更好的成型质量。

1.2.1.4 夹层结构用芯材

夹层结构芯材往往都是轻质材料，有蜂窝结构和泡沫等形式。

蜂窝芯的孔格可以有很多种形状，有六角形、菱形、矩形等，但以六角形最为常见。制造蜂窝芯的材料可以选用铝、玻璃布、芳纶纸等。

铝蜂窝成本较低，制造技术比较成熟，但因为两类材料的热膨胀系数相差比较大，使用时应充分考虑热应力问题以及铝芯材的电化学腐蚀问题。

芳纶纸的商品名为 Nomex，用这种纸制作的蜂窝，具有重量轻、抗压性能及剪切性能好等特点，已在航空结构中广泛应用。除了良好的结构性能外，这种材料的介电性能良好，可用于雷达罩等结构。

玻璃布蜂窝也具有良好的性能，但其重量与 Nomex 相比比较重。

泡沫芯材也是夹层结构常用的芯层材料，通常由聚合物材料发泡制成，这种材料的重量轻，成型方便。由于聚氨酯泡沫具有强度高、耐油及有机溶剂、耐低温、减震隔音性好、热导率低等特点，所以应用最为广泛。

1.2.2 复合材料成型工艺

复合材料结构的成型工艺与传统的金属材料结构制造工艺不同，在复合材料技术中，材料、设计和制造工艺三者密切相关，而构件的最终质量在很大程度上取决于制造工艺。因而在复合材料结构设计时，必须充分考虑到应用的具体条件以及制造工艺的可行性问题。复合材料制造工艺选择必须考虑到增强材料的形式与种类、基体材料的种类、成型的工艺条件以及应用的环境条件等。制造的成本当然也是需要在设计中考虑的主要因素之一。

复合材料的工艺方法有很多种，可为复合材料应用提供多种可选的工艺。在复合材料的诸多工艺方法中，各自都有其本身的优势与不足，因此，设计者必须充分了解各种工艺方法的优点及其局限性、生产效率以及成本等因素，从而选择针对所制备构件的最优方法。

复合材料主要的工艺方法有：真空袋法、压力袋法、模压法、热压罐法、RTM法、拉挤成型法、缠绕法等。各种方法的主要特点及其适用范围列于表1-4。

表 1-4　复合材料工艺方法的主要特点及其适用范围

工 艺 方 法	主 要 特 点	适 用 范 围
真空袋法	温度场均匀，压力较低	低压成型
压力袋法	温度场均匀，压力较低	低压成型
热压罐法	温度场均匀，压力大，产品质量高，重复性好	大型复合材料板材及构件
模压法	构件尺寸精度高，性能好	板壳件、零件
缠绕法	纤维连续性好	筒形件
拉挤成型法	生产效率高	各种型材，规则板条
RTM法	适应复杂形状，型面精确	各种复杂形状零件

1.2.2.1 真空袋成型工艺

真空袋成型工艺的基本原理如图1-6所示。

此工艺方法利用真空对构件提供固化压力，该方法是用一软真空膜封装并密封形成真空环境，以除去余胶、气泡、溶剂以及挥发分等。通常适用于不需要很大压力的构件成型，尤其适合蜂窝夹层结构成型。此工艺通常在烘箱或者是其他

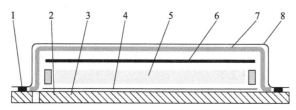

图 1-6 复合材料真空袋成型示意

1—密封胶条；2—真空嘴；3—模具；4—压敏四氟布；5—复合材料构件；
6—四氟脱模布；7—透气毡；8—真空袋

加热环境下进行，可以完成复合材料必需的固化过程。该工艺适用于高质量大型构件的低成本成型，也可适用于各种复合材料构件的制造。

1.2.2.2 压力袋成型工艺

该方法是在真空袋工艺的基础上，另外增加了附加的压力，因此，除适用于真空袋成型的构件外，还可以用于制造比真空袋法压力范围更广的复合材料构件的成型。

1.2.2.3 热压罐成型工艺

热压罐成型工艺是航空工业使用最普遍的一种工艺方法。利用热压罐设备提供的复合材料成型所需的压力及温度环境，可以制造出高质量的复合材料构件。比真空袋工艺方法具有更广泛的适用范围。热压罐成型工艺的基本原理是：将复合材料预铺层后封装在真空袋内，将其放置于热压罐中，利用热压罐设备对真空袋内抽真空，并根据工艺规范在真空袋外施加必要的压力，控制罐的温度、升温速率、升温过程及保持时间等参数，从而完成复合材料的固化过程。

多数的热压罐为圆柱形压力容器，两端为球壳形，其中一端开门，水平安装并固定在地面（见图 1-7）。为了操作方便，应配备地轨及运输平台，供出入罐时使用，热压罐的尺寸根据需求而定，可相差很大，直径从一米至数米不等。

对复合材料成型提供附加的外力，有利于复合材料中的树脂流动及增强体的浸润，再加上真空的作用，更能有效地除去内部的气泡、挥发分以及多余的胶。由于材料内部气泡及挥发分含量随

图 1-7 热压罐成型工艺设备

着压力及温度的增加而减少，因此，孔隙率和疏松可被控制到最低程度，从而得到高质量的材料。

配合热压罐工艺，复合材料成型常常根据工艺需要，采用阴模或者阳模，这

种成型方法得到的构件贴靠模具的一面可获得更精确的外形。

热压罐成型工艺方法成型构件的尺寸受热压罐设备尺寸的限制，另外，热压罐成型工艺耗能高，材料及辅助材料用量大，从而导致了很高的运行成本。

1.2.2.4 模压成型工艺

模压成型工艺采用阴、阳两个半模来成型，通过压力合模，同时升温，直至固化，就压制成所需结构件（见图1-8）。模压成型工艺是相对比较成熟的技术，工艺成本比较低，一次完成成型，容易实现自动生产，生产效率高。

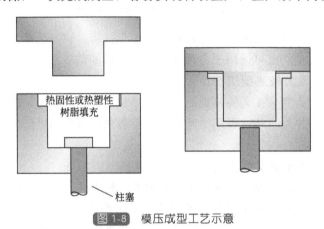

热固性或热塑性树脂填充

柱塞

图 1-8 模压成型工艺示意

模压成型的主要影响因素是压力和温度。压力可利用压机实现，可以说压机是模压成型的最主要设备。温度可采用多种方法实现，如烘箱加热等多种通用加热方法。

模压成型适用于纤维含量不太高的构件成型，一般不用于主承力件的成型，有时用于次承力件的成型。如果需要，模压成型过程中也可以采用真空方法作为辅助手段，以利于复合材料成型。

1.2.2.5 缠绕成型工艺

缠绕成型工艺适用于回转体结构，例如柱形、管形或球形等。

缠绕成型工艺是将浸过树脂胶液的连续纤维（或布带、预浸纱）按照一定规律缠绕到芯模上（见图1-9），然后经固化、脱模，获得制品。

根据缠绕成型时树脂基体的状态不同，可分为干法缠绕、湿法缠绕和半干法缠绕三种。三种缠绕方法中，以湿法缠绕应用最为普遍。

干法缠绕采用预浸带，在缠绕机上经加热软化后缠绕到芯模上。干法缠绕能够准确地控制产品质量，生产效率高，缠绕机清洁，劳动卫生条件好，产品质量高，其缺点是缠绕设备昂贵。

湿法缠绕是将纤维束浸胶后，在张力控制下直接缠绕到芯模上。湿法缠绕的优点为：①成本比干法缠绕低40%；②产品气密性好，因为缠绕张力使多余的

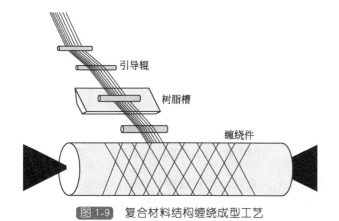

引导辊

树脂槽

缠绕件

图 1-9 复合材料结构缠绕成型工艺

树脂胶液将气泡挤出，并填满空隙；③纤维排列平行度好；④湿法缠绕时，纤维上的树脂胶液可减少纤维磨损；⑤生产效率高（达 200m/min）。

湿法缠绕的缺点为：①树脂浪费大，操作环境差；②含胶量及成品质量不易控制。

半干法缠绕是在湿法缠绕的基础上，增加了烘干工序，以除去溶剂，与湿法缠绕相比，可使制品中的气泡含量降低。

缠绕工艺通常可以分为环向缠绕、螺旋缠绕与球形缠绕等。根据不同的缠绕方式，可以设计出不同类型的缠绕机。缠绕机是实现缠绕工艺的主要设备，主要由芯模驱动和绕丝嘴驱动两大部分组成。对缠绕机的主要要求是：①能够实现制品设计的缠绕规律和排纱准确；②操作简便；③生产效率高；④设备成本低。市场上已有多种不同工作原理的缠绕机，可根据产品的技术条件选购不同的缠绕机。

缠绕成型能够按产品的受力状况设计缠绕规律，能充分发挥纤维的强度优势；容易实现自动化生产，产品质量稳定，生产效率高，劳动强度低，成本低。但缠绕成型适应性小，不能缠非回转体结构形式的制品；需要的设备比较复杂，投资大，技术要求高，只有大批量生产时才能降低成本。

1.2.2.6 拉挤成型工艺

拉挤成型工艺是一种连续生产的工艺，适用于等截面的型材的批量化连续不断地生产，这种工艺最适于生产各种断面形状的型材，如棒、管、实体型材（工字形、槽形、方形型材）和空腹型材（门窗型材、叶片）等。

该工艺将浸渍树脂的连续纤维束、带或布等，在牵引力的作用下，通过挤压模具导出成型、固化（见图 1-10）。

拉挤成型工艺过程由送纱、浸胶、预成型、固化、牵引、切断等工序组成。无捻粗纱从纱架引出后，经过排纱器进入浸胶槽浸透树脂胶液，然后进入预成型模，将多余树脂和气泡排出，再进入成型模凝胶、固化。固化后的制品由牵引机

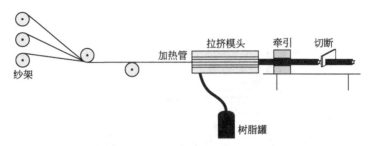

图 1-10　复合材料拉挤成型工艺示意

连续不断地从模具拔出，最后由切断机定长切断。在成型过程中，每道工序都可以有不同方法：如送纱工序，可以增加连续纤维毡、环向缠绕纱或用三向织物以提高制品横向强度；牵引工序可以是履带式牵引机，也可以用机械手；固化方式可以是模内固化，也可以用加热炉固化；加热方式可以是高频电加热，也可以用熔融金属（低熔点金属）等。

与其他工艺方法类似，拉挤成型工艺根据浸胶方式不同，也可分为干法和湿法两种。

拉挤成型工艺过程完全实现自动化控制，生产效率高，拉挤成型制品中纤维含量可高达 80%，且成型过程中保持张力，可确保沿拉出方向的强度好。产品不需后加工，故较其他工艺省工、省原料、省能耗、制品质量稳定、重复性好，但产品形状单调，只能生产线型型材。

1.2.2.7　树脂传递模塑（RTM）成型工艺

树脂传递模塑成型，简称 RTM（resin transfer molding）。属于这一工艺范畴的还有树脂注射（resin injection）工艺和压力注射（pressure injection）工艺。典型的 RTM 工艺示意见图 1-11。

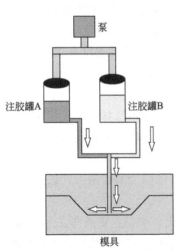

RTM 工艺的基本原理是将纤维增强材料预成型体铺放到模具的模腔内，用压力将树脂胶液从注胶口注入模腔，浸透预成型体增强材料，空气和余胶从出胶口排出，直至充满模腔，然后停止注入胶液并固化。

采用 RTM 工艺可以在较短的时间周期内完成复杂形状的大型连续纤维增强复合材料结构件。RTM 工艺与其他模塑工艺的区别在于增强材料预成型体在注入胶液之前已经放置在模腔内。这样在工艺过程中能够更好地控制纤维增强材料的分布与方向，从而得以保证制品的材料性能。

RTM 工艺过程可以分为三个阶段：预成型

图 1-11　复合材料 RTM 工艺示意

体制作、胶液注入和固化成型。其中制作预成型体要确保形状及尺寸精确，预成型体制作是 RTM 工艺的基础，对后期工艺成型有着重要的影响。在此阶段，干纤维被铺放成预先设计的形状，为了确保形状固定不变，多采用定型胶定型，必要时，也采用缝合的办法来固定形状。三维编织预成型体，可用来制造三维编织复合材料结构件。

RTM 成型技术具有如下特点：①可以制造具有精确外形的制品；②成型效率高；③增强材料铺放方便，可按受力状况铺放；④工艺周期短，原材料及能源消耗少。

1.3 复合材料测试基础

由于复合材料是由两相或两相以上材料组成的一种非均质的材料，具有多层次的结构尺度，因而在不同尺度层次上，复合材料呈现出不同的状态。大体上，可以划分为三个尺度层次。

第一个尺度层次是微观尺度，属于微观力学的范畴。其特征尺寸等于增强体的特征尺寸，即纤维或者颗粒的直径。在此尺度下主要研究复合材料的增强体、基体、界面以及相互间的影响。

第二个尺度层次的特征尺寸是单层厚度，属于宏观力学范畴。在这个尺度下主要研究单层的特性，单层是构成复合材料的最基本元素，也是最重要的研究对象。在这个尺度上，复合材料被看作各向异性的连续介质，其各项物理及力学参数需要通过试验确定。而确定这些参数的试验，是复合材料性能测试的主要内容。这些参数也是设计更复杂的复合材料结构的基础。

第三个尺度，也是最大的一个尺度层次，其特征尺寸是层合板的厚度。也属于宏观力学的范畴，主要是在多向层合板的尺度上对复合材料的性能进行评价。

总而言之，在不同尺度上来处理，复合材料的材料形式不尽相同，反映的材料特性也不同。在研究复合材料的性能时，可以根据需要，设计出适当尺度层次的试验，以测量所需要的参数。一般来说，对材料的研究与测试主要侧重于第二个尺度层次上的试验。在这个尺度上，材料被认为是均匀的、宏观各向异性的，这样可以用连续介质的理论模型来进行材料的分析、试验设计与试验结果处理。

1.3.1 复合材料性能测试的基本要求

由于复合材料是一种多相的各向异性材料，这就给性能表征与测试工作带来了困难。为此，复合材料试验必须考虑其非均质性及各向异性的特点。复合材料试验结果是与试验条件及材料信息密切相关，不给定材料的铺层方向、取样方向等信息，试验结果是毫无意义的。

在试验设计时，必须充分考虑复合材料的主要特性。第一，试验选材应具有材料代表性，就是说试验材料应能够充分代表实际应用中的材料；第二，要求试样制备工艺具有代表性，能够充分反映实际应用的工艺特征；第三，试验设计时应考虑试验原理能够真实反映所需测试的材料性能；第四，所选取试验方法应具有很好的可靠性，试验结果真实反映材料的性能；第五，试验方法应具有充分的可重复性，数据分散状态在合理的范围内。

试样形状的选择以及试验准备；试验仪器设备的选择；确定试验条件的有效范围；可能的数据分散性与试样数量；试验过程与结果的重复性。

试样设计的基本原则：复合材料性能测试的试样应该很好地反映材料的制造状态和工艺状态。显然，试样的制造工艺过程对试验结果具有显著的影响。因而试样的制造工艺必须符合材料或产品的制造要求和工艺规范。在进行质量检验时，有时要求从与制件随炉固化的随炉件上取样。

除了在制造工艺方面的要求外，一个好的试样设计还应满足以下几点要求：

① 试样的形状和尺寸应与所要检验的项目相符，并且易于成型和加工；

② 试验的夹具装置的原理应清晰明了，尽量简单实用；

③ 试样的装夹和试验过程容易实现；

④ 破坏模式应正确，且破坏位置应在工作段内，试验测量及结果具有重复性。

1.3.2　复合材料性能测试的一般过程

一般来讲，复合材料性能测试的基本过程包括：试样制备、试样外观检查、试样状态调节、试验准备、进行试验、试验数据处理、给出试验结果与试验报告。

上述过程概括了复合材料测试的基本过程，广泛地适用于纤维复合材料的力学及物理性能测试。

(1) 试样制备　主要的试样制备方法有机械加工法和直接模型浇筑成型法。

机械加工法在取样前，应确保供取样的板材质量合格，没有气泡、分层、树脂淤积、皱褶、翘曲及铺层错误等缺陷。如果板的取样区内有少量的缺陷，应在板的相应部位标出，以便在取样时避开缺陷区。切取试样时，应距板材边缘20mm～30mm，如需要在特定部位取样，则可按照有关规定直接取样。还应注意切取的方向是否为所需取样的方向。

试样加工时应避免对试样造成划伤、撕裂、分层等损伤。为避免加工时过热，可在加工时采用水冷却，但不允许使用油类冷却液。

直接模型浇筑成型的试样应按有关产品标准技术文件的要求制备。

(2) 试样外观检查　为确保试验结果的可靠性，试验前应对试样进行外观目视检查，检查的验收标准在 GB 1446 及有关试验的技术标准中有明确规定。对于目视检查不合格的试样，应予以报废，不能用于测量材料的性能。

目视检测合格后的试样可用于试验，每组试样的数量应不小于5。

(3) 试样状态调节　国标中规定了复合材料的标准试验环境：温度为23℃±2℃，湿度为50％±5％相对湿度。

试验前，应对试样进行状态调节，所谓状态调节，是为了消除试样在制备过程中对所有工艺过程的记忆效应。状态调节的技术条件，在试验标准中有明确规定。

(4) 试验准备　先将合格的试样编号，测量试样的尺寸，测量的精度根据试样的尺寸大小而不同。当被测尺寸小于或等于10mm时，则测量精确至0.02mm；当被测尺寸大于10mm时，则测量精确至0.05mm。

试验用的测试仪器、设备及计量器具都必须定期经国家计量部门检定，经检定合格后方能使用。仪器设备的测量精度都应符合有关国标的规定。

(5) 试验过程　试验过程是具体的试验进行过程，按照相应的规定，记录下所需要的数据及曲线，并观察试验过程和最终的破坏形式，以保留试验中每个环节中的有效信息，用来分析材料状态及试验的数据处理。

(6) 试验数据处理与结果　关于试验数据处理的问题将在下面一节详细论述。

试验结果最终给出试验报告，试验报告中应包括以下内容：

① 试验项目与名称；
② 材料品种及规格、试样来源及制备情况；
③ 试样编号、尺寸；
④ 试验温度、相对湿度及试样状态调节状态；
⑤ 试验设备及仪器仪表型号、量程及使用情况；
⑥ 试验结果，即每个试样的性能值及试样的破坏情况及有效性；
⑦ 试验结果的算术平均值、标准差及离散系数；
⑧ 试验人员、日期及其他。

1.3.3　试验数据处理

(1) 实验误差　通常试验过程通过观测得到试验数据，n 次观测得到的数据各不相同，也就是说存在着实验误差。误差与真值之比就是相对误差，即：

$$相对误差 = \frac{误差}{真值} \tag{1-1}$$

实验误差按其性质共分为三类：随机误差、系统误差和过失误差。

随机误差（偶然误差）：在试验过程中由随机不确定因素引起的误差，这类误差在试验中是不可避免的，其值可正可负，当重复次数充分大时，其均值趋于零。

系统误差：由于某种人为因素或者试验条件因素引起的试验结果有明显的固定偏差，这种固定偏差就称为系统误差。这种系统误差不能通过增加观测次数加以消除。但通过统计分析，发现系统误差，可通过改进观测条件等方法加以克服。

过失误差：明显与试验结果偏离的误差，又称为异常值，它是由于试验观测系统错误、试验记录错误等不正常因素造成的。在数据处理中这种误差一定要消除，如果能够通过检查发现错误原因并能够加以改正，则可将其改正；如属于无法查明原因，却又明显属于异常的观测结果，则将其剔出。

另外，在试验结果的计算中，还会引入因计算造成的误差，如果不考虑理论模型简化的影响，因计算引起的误差就是舍入误差。

(2) 结果的平均值 平均值是对真值的一个很好的无偏估计，当观测次数足够大时，其平均值会很好地接近真值，但观测次数不可能无限，因而也就永远无法得到真值。试验观测得出的只能是近似真值，也就是通常所说的平均值。

数学意义上的平均值有很多种，如算术平均值、中位值、加权平均值等，其中算术平均值是最常用的一种。

若设 x_1，x_2，$\cdots$，x_n 为 n 次观察的各次观察值，则其算术平均值的计算公式如下：

$$\overline{X} = \frac{x_1 + x_2 + \cdots + x_n}{n} = \frac{\sum\limits_{i=1}^{n} x_i}{n} \tag{1-2}$$

标准差是观测值分散程度的一种度量，其定义为：

$$S = \sqrt{\frac{\sum\limits_{i=1}^{n} (x_i - \overline{X})^2}{n}} \tag{1-3}$$

当观测样本数非常有限时，标准差由下式估计：

$$S = \sqrt{\frac{\sum\limits_{i=1}^{n} (x_i - \overline{X})^2}{n-1}} \tag{1-4}$$

离散系数一般表示测量数据的相对分散程度：

$$C_V = \frac{S}{X} \tag{1-5}$$

1.3.4 名词与术语

本节列出的主要是与复合材料测试技术相关的名词与术语，并给出了每个术语的简明解释，这里的解释力求简单明了，而又尽可能的准确。多数词汇及解释参考了国标 GB 3961 及其他相关的参考文献。为方便起，见把词汇分为材料、工艺及性能测试三部分。

1.3.4.1 材料及原材料

纤维：一种细丝状材料的总称，一种用来制作编织布或者其他编织结构的天然或人造物质单元，多数纤维都是以纤维束的形式应用的。

复合材料：由两种或两种以上宏观互不相容的独立物理相组成的一种材料。其中每种组分材料仍保持各自的特性，可以用物理的方法识别，且相互间形成界面。

增强塑料：塑料中加入高强度、高模量的纤维，以改进原基体材料的某项性能。

纤维增强塑料：以纤维或其制品作为增强体的复合材料。例如，以玻璃纤维或其制品作为增强体的复合材料，称为玻璃纤维增强塑料；以碳纤维或其制品作为增强体的复合材料，称为碳纤维增强塑料。

夹层结构：由两层比较薄的结构材料面板与相对较厚的轻质芯材粘接起来，组成的一种层状复合结构。按其芯材形式或材料的不同，通常有蜂窝、波纹和泡沫夹层结构等。

基体：一种宏观均质材料，在复合材料中，起包覆纤维的作用。

树脂：一种用作复合材料或者是胶黏剂基体的聚合物或者预聚体。这种有机的基体材料可以是热固性或者是热塑性的，也可以是含有添加成分以改善工艺性、操作性或者是最终性能的。

增强材料：加入到基体塑料材料中，而使其某些性能有显著提高的材料。

玻璃纤维：指硅酸盐熔体制成的玻璃态纤维或丝状物。碱金属氧化物含量低（一般不大于 1%）的玻璃纤维叫做无碱玻璃纤维（E-玻璃纤维）；而碱金属氧化物含量为 6%～12%的为中碱玻璃纤维。

碳纤维：由聚丙烯腈纤维、沥青纤维或黏胶等有机纤维热解所制得的碳含量超过 90%（质量分数）的纤维。

石墨纤维：分子结构已石墨化，含碳量高于 99%的纤维。

硼纤维：将硼沉积到载体纤维上形成的丝状物。

有机纤维：由有机聚合物制成的纤维或利用天然聚合物经化学处理制成的纤维，如黏胶纤维、锦纶、涤纶及芳纶等。

芳香族聚酰胺纤维（芳纶）：分子结构主链上的重复链节只含芳香环和酰胺键的合成纤维。有聚对甲酰胺纤维和聚对苯二甲酰对苯二胺纤维等。

碳布：碳纤维的编织物。

玻璃布：玻璃纤维编织物。

环氧树脂：含有两个或多个能够交联的环氧基团的一类树脂。

酚醛树脂：通常由酚、酚的同系物或衍生物与醛类或酮类缩聚而成的一类树脂。

不饱和聚酯：聚合物分子链上具有碳碳不饱和键的，能与不饱和单体或预聚体发生交联的一类树脂。

交联剂：促进或调节聚合物分子链间形成复杂的共价键或离子键形成的化学物质。

偶联剂：能在树脂基体与增强材料的界面间促进或建立更强结合的一种化学物质。

固化剂：促进或调节固化反应的物质。

增韧剂：为了降低树脂固化后的脆性，提高冲击强度和延伸率而加入树脂中的物质。

增稠剂：能使树脂胶液的稠度在要求的时间内增加到满足成型工艺要求并保持相对稳定，从而改善其工艺性能的物质。

稀释剂：为降低树脂黏度，改善其工艺性而加入的与树脂混溶性良好的液体物质，分为活性稀释剂和非活性稀释剂。

触变剂：能使树脂胶液在静置时有较高的稠度，在外力作用下又变为低稠度流体的物质。

潜伏性固化剂：加入树脂中，在常温下能保持较长的适用期，一经加热即能起固化作用的一类固化剂。

低收缩添加剂：为降低树脂固化时体积收缩而添加的物质。如添加于不饱和聚酯树脂的粉状热塑性树脂。

光敏引发剂：在紫外光作用下，能迅速产生大量游离基，使某些树脂产生交联转变成不溶不熔状态的物质。

紫外线吸收剂：具有吸收紫外线能力，用来防止塑料、涂料等长期暴露在日光下产生光降解作用的物质。

填料：添加物，加入到材料中以改变其物理、力学、热、电及其他性能，或者是降低成本。有时特指颗粒状添加物。

相容性：不同树脂体系相互接触而引起产品性能下降的程度。

1.3.4.2　成型工艺

干法成型：用预浸料或预混料成型增强塑料制品的方法。

湿法成型：纤维或其制品浸渍胶液后直接成型复合材料的方法。

交联：聚合物分子链间形成复杂的共价键或离子键的过程。

固化：对于热固性树脂，通过添加固化剂（交联剂）、催化剂、加热使材料发生不可逆的化学变化。

固化周期：为使热固性材料在特定的条件下，达到预期的性能水平所需要的时间周期。

固化应力：复合材料结构在固化周期内形成的残余内应力。一般这种应力由不同铺层的热膨胀系数的差异造成的。

后固化：为使热固性材料模塑制品完全固化而进行的热处理。

共固化：复合材料固化的同时将其与其他材料粘接的过程在相同的固化周期内完成。

二次粘接：两个或两个以上已完成固化工艺的复合材料制件，通过胶黏剂粘接在一起，在粘接过程中，只有胶黏剂本身发生化学反应。

预浸料：用于制造复合材料的浸渍树脂基体的纤维或其织物经烘干或预聚的一种中间材料。

预混料：复合材料成型前预先制备的由树脂、增强材料、填料等组成的混合材料。

预成型：为液体成型而准备的，把由干纤维或其织物预组合的增强体预先加工成便于加入模腔的一定形状的坯料，或将短切纤维用中间胶黏剂制成形状近似于最终产品的毡状物的工艺过程，可以用缝合或定型剂来保持其形状。

单向预浸带：若干束连续纤维单向排列，浸渍树脂胶液并经烘干到一定程度制成的带。

层压成型：在加热、加压条件下，把相同或不同材料的两层或多层结合为整体的方法。

纤维含量：复合材料中存在纤维的数量，通常用纤维所占体积与材料总体积之比或者是纤维质量与材料总质量之比的百分数表示。

树脂含量：试样中树脂的质量（或体积）与试样原始质量（或体积）的百分比。

挥发物含量：预浸料中可挥发物的含量，用试样中挥发物的质量与试样原始质量的百分比表示。

浸胶：纤维或其制品浸渍树脂胶液的操作。

浸渍机：将纤维或其织物浸渍树脂胶液以制备预浸料的设备。

浸渍时间：浸胶时，纤维或其织物从进入树脂胶液到引出树脂胶液所经过的时间。

流动性：模塑料因受压、受热软化而移动的性能。

袋压成型：通过柔韧袋（例如橡胶袋）施加均匀压力，使置于刚硬模具上（或其内）的材料压实成型，通常由压缩空气、真空以及液体压力实现加压。

真空袋成型：将复合材料置于周边密封的袋内，通过对袋抽真空来实现对复合材料的加压及真空。

热压罐：能实现规定的加热、加压（或真空）制度固化增强塑料制品的封闭容器。

热压罐成型：与袋压成型相似，先将铺放好的结构件封装在真空袋内，再放入热压罐中，利用热压罐中提供的加热和压力实现复合材料的固化。

黏度：材料显示出的阻碍流动的特性。

凝胶：树脂从液态开始到形成胶状固体相的过程。

凝胶点：液体开始表现出准弹性特性的阶段（表现为黏度-时间曲线的转折点）

凝胶时间：从预定的时刻开始到开始凝胶所用的时间。

触变现象：加有触变剂的液态树脂，在静止不动时不易流动，受到外力作用时，就易流动，除去外力后又变为不易流动的现象。

孔隙：材料内部发生的物理非连续相。可以是二维的脱胶、分层或者是三维的气孔等，疏松则是由众多的微孔组成的。

编织布：由多股纱或纱带相互编织形成的织物。

编织角：纤维方向与编织轴向间的夹角。

双轴编织：由两个方向的纱构成的编织结构，两个方向的纱与编织轴向的夹角分别为 $\pm\theta$。

三轴编织：在双轴编织的基础上，再增加沿编织轴向纱的编织形式。

A 阶段：热固性树脂固化反应的早期阶段，在此阶段的材料仍可溶于某些溶液，此时的材料可能是液体或者是加热后可变为液体。

B 阶段：热固性树脂固化反应的中间阶段，在此阶段材料受热变软，遇到某些液体会溶胀但不会完全溶解，在完全固化之前，材料经常预固化到这个阶段，以便加工处理。

C 阶段：热固性树脂固化反应的最终阶段，在此阶段材料已不能溶解。

热塑性：热塑性的塑料材料在特定的温度范围内，通过加热和冷却可以反复软化和硬化。在其软化阶段，可以采用流动、模压、挤出等工艺方法成型。

热固性：固化后不能用加热或其他方法熔化或溶解。

缠绕工艺：将浸好树脂的连续纤维按照预定的规则缠在芯模上。

模压成型：聚合物或者复合材料在受压和加热条件下，形成特定形状的固态的工艺过程，形状和尺寸由所使用的模具来保证。

1.3.4.3　性能测试

应变：在外力作用下，物体的形状或尺寸与原来相比的相对变形，应变是无量纲的量，通常用"mm/mm"或者是"%"来表示。

应力：在物体内任一点处，作用在通过一点的给定单位面积内的力或力的分量的强弱。

强度：材料所能承受的最大应力。

弹性：材料在去除外力后，外力引起的变形消失，恢复到其初始形状和尺寸的能力。

韧性：材料吸收外力功的能力，在拉伸加载条件下，韧性与载荷-变形曲线上从初始加载点到破坏段区域内的面积成正比。

刚度：结构产生单位变形所需要的载荷，是结构抗变形能力的度量。

比例极限：应力-应变关系保持线性关系的最大应力值。

屈服极限：应力-应变曲线中偏离初始线性达到给定值（常用0.2%）时所对应的应力。

硬度：材料抵抗变形的能力，通常用压痕来衡量。标准的硬度试验包括布氏、洛氏等。

应力集中：在材料几何或物理突变区的应力增大的现象。

缺口敏感性：材料对缺口引起的应力集中的敏感程度，通常用开孔后的强度试验来衡量。

蠕变：材料在恒定应力作用下所引起的随时间变化的应变响应。

应力松弛：在固定约束条件下，应力随时间而减小的现象。

疲劳：材料或结构在交变载荷作用下，内部逐渐发生不可逆的损伤乃至完全失效的过程。

疲劳极限：在交变载荷作用下，达到无限循环次数或条件无限次数而不发生破坏的应力值。

比强度：强度与材料密度之比。

比模量：模量与材料密度之比。

分层：层合板中各层之间发生的分离现象，可能发生在局部或者在大范围内。

拉伸强度：拉伸载荷作用下，材料所能够承受的最大应力。

弹性模量：材料在外力作用下，在弹性范围内的应力增量和与之相对应的应变增量的比值，复合材料的弹性模量通常以"GPa"为单位给出。

泊松比：在材料弹性范围内，轴向载荷作用下的轴向应变和相对应的横向应变之比，多数场合所说的泊松比都是指其绝对值。

纵横剪切：当剪应力沿着纤维和垂直于纤维方向作用时，复合材料的面内剪切承载方式。

层间剪切：剪切力导致的相邻两层沿界面产生相对位移。

短梁剪切强度：采用短梁三点弯曲加载法获得的材料表观层间剪切强度，又称为短梁剪切强度。

纵向强度：平行于0°纤维方向的强度。

横向强度：垂直于0°纤维方向的强度。

　　平拉强度：夹层结构单位面积所能承受的沿垂直于蒙皮平面方向的拉伸载荷。

　　平压强度：夹层结构单位面积所能承受的沿垂直于蒙皮平面方向的压缩载荷。

　　界面：复合材料中各宏观组分材料之间的边界。

　　老化：在环境下放置一段时间的过程就是老化过程，通常会对材料的性能产生一定程度的影响。

　　各向同性：在所有方向上具有相同的性能。

　　各向异性：性能随着方向的改变而改变。

　　正交各向异性：具有三个相互垂直的弹性对称面。

　　准各向同性：材料在多个方向上的性能相同，呈现近似于各向同性的特性。

　　均衡层合板：除 0°和 90°外的铺层的角度都以 $\pm\theta$ 形式成对出现的铺层形式。

　　对称层合板：铺层形式为中面镜面对称的层合板。

　　横观各向同性：正交各向异性的一种特殊情况，其中的两个正交轴方向的性能相同，但又与第三个方向不同。

　　B基值：基于统计理论的材料性能，95％置信度下，可以预期 90％概率超过此值。

　　典型值：典型值就是样本的算术平均值，隐含的统计意义是 50％置信度，50％可靠性。

　　玻璃化转变温度：非晶态聚合物从高弹态向玻璃态转变时的温度。

2

组分材料的实验表征

复合材料宏观上是由两种或者两种以上材料构成的，因而其组分材料的实验表征是复合材料研究与应用的基础。复合材料各组分材料的性能试验包括纤维试验和基体材料试验，其中有些性能是以预浸料的形式或者复合材料的形式来进行试验的。对于复合材料而言，预浸料是一种非常重要的原材料形式，因此，常用的预浸料试验方法包含于本节之中，不再另设章节。

2.1 纤维试验

增强纤维是结构复合材料中重要的组分材料之一，增强纤维的性能水平、质量的优劣及其与不同树脂基体的相容性都将影响复合材料的性能，因此如何表征增强纤维的各项性能是十分重要的。纤维试验包含多方面的内容，因纤维种类不同、应用场合不同，所需要试验的项目也不尽相同，大体上讲，这些试验项目主要包括：元素分析、纤维结构、纤维表面分析、基本物理性能试验以及力学性能试验等，这里仅涉及与复合材料关系最为密切的常用方法。

2.1.1 纤维物理性能

（1）纤维回潮率 纤维回潮率是指在规定条件下测得的纺织材料的含湿量，以试样的湿重和干重之差数对干重的百分数表示。

相关标准：GB/T 6503—2008 化学纤维回潮率试验方法。

（2）纤维直径 相关标准：GB/T 3364—2008 碳纤维直径和根数试验方法；GB/T 7690.5—2001 增强材料 纱线试验方法 第 5 部分：玻璃纤维直径的测定。

① 碳纤维直径的测量：从待测碳纤维复丝样品中，随机切取长约 200mm 的复丝作为试样，用锋利的刀具从试样上切取长 0.2mm～0.3mm 的小段纤维，取适当的浸润剂使小段纤维分散在载玻片上，用透射显微镜或投影仪测量纤维的直径。

② 玻璃纤维直径的测量：将玻璃纤维浸入一种与其折射率不同的液体中，在显微镜下观察其纵侧面并测量直径，该法适用于定长纤维、纱线、连续纤维纱线、织物或毡中纤维直径的测定。

(3) 纤度（线密度） 纤度的定义为每 1000m 长纤维的质量，其单位为 tex。称量已知长度的含有或去除浸润剂的纱线试样的质量，将称量结果换算成 1000m 长纤维的质量即得到纤维的纤度。

相关标准：GB/T 7690.1—2001 增强材料 纱线试验方法 第 1 部分：线密度的测定。

(4) 密度试验 纤维的密度试验对于材料的质量控制及检验来说不是一个重要的参数，但在复合材料及预浸料其他性能测定时，常常会用到。

相关标准：GB/T 1463—2005 纤维增强塑料密度和相对密度试验方法；GB/T 1033.1—2008 塑料 非泡沫塑料密度的测定 第 1 部分：浸渍法、液体比重瓶法和滴定法；GB/T 1033.2—2010 塑料 非泡沫塑料密度的测定 第 2 部分：密度梯度柱法；GB/T 1033.3—2010 塑料 非泡沫塑料密度的测定 第 3 部分：气体比重瓶法；ASTM D3800—2011 Standard Test Methods for Density for High-Modulus Fibers；ASTM D1505—2010 Standard Test Methods for Density of Plastics by the Density-Gradient Technique；ASTM D792—2008 Standard Test Methods for Density and Specific Gravity (Relative Density) of Plastics by Displacement。

对纤维密度的测定，尤其是高模量增强纤维密度的测定通常采用浮力法（或称浸渍法）和浮沉法。对有机纤维常用密度梯度柱法测定其密度。

① 浮力法的基本原理：用分析天平分别称量纤维样品在空气中的质量（W_1）和在比纤维密度小的液体介质中的质量（W_2）。它们的质量差除以液体介质的密度（ρ_1）即为纤维样品的体积（V），纤维的密度即为：

$$\rho = \frac{W_1\rho_1}{W_1 - W_2} \tag{2-1}$$

② 浮沉法的基本原理：准备两种液体介质，并要求纤维密度介于两种液体介质的密度之间，先将纤维样品浸渍在装有密度较小的液体的容器中，然后缓慢将密度大的液体注入，并保证两种液体充分混合，直到纤维样品悬浮在混合液体中，取出纤维样品，用密度计测量混合液体的密度，即是纤维的密度。

在以上两种测试方法中，必须注意以下几点：在测试过程中液体介质与纤维之间不能有任何物理或化学作用；液体介质必须充分浸透纤维；测试温度精确至

±0.1℃，质量精确至±0.1mg。

2.1.2 纤维拉伸性能

纤维拉伸性能取决于多种因素，包括界面特性、纤维及基体性能等。测定纤维的拉伸性能必须指定试验方法，推荐的纤维试验方法必须能够代表复合材料的应用特性。可根据纤维的供货及使用状态，选择纤维单丝或复丝试验方法。如对于硼纤维就可采用单丝拉伸，而碳纤维则采用复丝拉伸。纤维束或者是纤维单丝拉伸试验，在试验原理上并无显著差异。

相关标准：GB/T 3362—2005 碳纤维复丝拉伸性能试验方法；ASTM D3379—1989 Tensile Strength and Young-Modulus Single Filament Materials；ASTM D4018—2011 Standard Test Methods for Properties of Continuous Filament Carbon and Graphite Fiber Tows。

2.1.2.1 试验原理

碳纤维复丝的拉伸强度和拉伸弹性模量通过浸渍树脂固化后纤维的拉伸加载直至破坏来测定。拉伸强度由破坏载荷除以碳纤维复丝的截面积得到，弹性模量由规定的应变来测定。碳纤维复丝的截面积用线密度除以密度得到。

2.1.2.2 试验

拉伸试验的目的在于确定单丝或丝束的拉伸强度、模量及断裂伸长率。对于碳纤维复丝拉伸试验，试验方法仅适用于弹性模量大于 21GPa 的纤维材料。

(1) 试样制备 碳纤维复丝在浸胶前应预先在标准实验室环境条件下进行状态调节。试样由碳纤维复丝浸渍环氧树脂胶液制成。由复丝浸胶制成的试样，应控制树脂含量在 35%～50%。试样应均匀浸胶，光滑，平直，无缺陷。

1K、3K 碳纤维复丝试样，按如图 2-1（a）所示粘贴加强片，加强片为 0.2mm～0.4mm 厚的纸板。6K、12K 碳纤维复丝试样，按如图 2-1（b）所示粘贴加强片，加强片为 1mm～1.5mm 厚的纸板或金属板。可用任何室温固化的胶黏剂粘贴加强片。

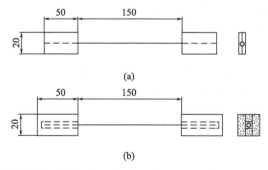

图 2-1 纤维（束）拉伸试样及尺寸（单位：mm）

（2）试验程序

① 按标准规定调节试样状态。

② 测量合格试样在加强片之间的试样长度，精确到 0.5mm。

③ 试样装入试验机的夹头，要求复丝和夹头的加载轴线相重合。

④ 对试样施加初始载荷（约为破坏载荷的 5%），检查并调整试样及应变测量仪表，使系统处于正常工作状态。

⑤ 设定试验加载速度为 1mm/min～20mm/min。仲裁试验加载速度为 2mm/min。

⑥ 启动试验机和数据记录或采集设备，测试试样直至破坏。记录破坏载荷（或最大载荷），以及试样的破坏形式。

⑦ 若试样出现以下情况应予以作废：

a. 试样破坏在明显内部缺陷处；b. 试样破坏在夹具内或试样断裂处离夹紧处的距离小于 10mm。

⑧ 同批有效试样不足 6 个时，应另取同批试样补充或重新进行试验❶。

从曲线上可以定义表观柔度，其计算方法如下：

$$C_a = \frac{u}{P} \tag{2-2}$$

式中　C_a——试样的表观柔度；

　　　P、u——载荷及试验机加载横梁的位置。

按照上式定义，此时理论上往往认为未加载状态为 P 和 u 的零点，实际上，绝对的零点是不必要的，式（2-2）以增量形式表述更为严格。

表观弹性模量按照式（2-3）计算，计算时应取 P-u 曲线上初始线性标准段的范围。

$$E_a = \frac{L \Delta P}{A \Delta u} = \frac{L}{A} \frac{1}{C_a} \tag{2-3}$$

式中　L——试验上、下夹头（标距段）间的距离；

　　　A——复丝截面积；

　　　ΔP——试验载荷-变形曲线线性段内的载荷增量；

　　　Δu——与载荷增量相对应的变形增量；

　　　C_a——试样的表观柔度。

表观弹性模量及柔度的概念引入是由于试验中，记录的变形是由标距段内位移、夹持部分及试验系统位移（非标距段）组成的，测得的位移比实际的要大些，即：

$$u = u_f + u_s \tag{2-4}$$

---

❶　另取同批试样补充为本书作者建议，GB 3362—2005 中规定为重新进行试验。

式中　u_f——标距段内纤维变形；

　　　u_s——非标距段变形。

按照表观弹性柔度的定义则有：

$$C_a = \frac{\Delta u}{\Delta P} = \frac{\Delta u_f}{\Delta P} + \frac{\Delta u_s}{\Delta P} = \frac{1}{AE_f}L + \frac{\Delta u_s}{\Delta P} \qquad (2\text{-}5)$$

式中　L——试验上、下夹头（标距段）间的距离；

　　　A——复丝截面积；

　　　ΔP——试验载荷-变形曲线线性段内的载荷增量；

　　　Δu——与载荷增量相对应的变形增量；

　　　C_a——试样的表观柔度；

　　　Δu_f——标距段内纤维变形；

　　　Δu_s——非标距段变形。

从上式可看出，以表观柔度及标距为纵横坐标时，C_a 是 L 的线性函数，取不同标距情况下的试验数据进行线性拟合可得到纤维的实际弹性模量 E_f 值，理论上表观弹性模量与纤维实际弹性模量之间有如下关系：

$$E_f = \frac{L}{A}\frac{\Delta P}{\Delta u_f} = \frac{L}{A}\frac{\Delta P}{\Delta u}\frac{\Delta u}{\Delta u_f} = E_a \frac{1}{1 - \frac{\Delta u_s}{\Delta u}} = E_a \frac{1}{1 - \frac{\Delta P}{\Delta u}\frac{\Delta u_s}{\Delta P}} \qquad (2\text{-}6)$$

引入修正系数 K：

$$K = \frac{\Delta u_s}{\Delta P} \qquad (2\text{-}7)$$

则纤维的实际弹性模量可从表观弹性模量修正得到：

$$E_f = E_a \frac{1}{1 - \frac{\Delta P}{\Delta u}K} \qquad (2\text{-}8)$$

式中　E_f——纤维的实际弹性模量；

　　　E_a——纤维的表观弹性模量；

　　　ΔP——试验载荷-变形曲线线性段内的载荷增量；

　　　Δu——与载荷增量相对应的变形增量；

　　　K——修正系数。

同样，断裂应变修正如下：

$$\varepsilon_f = \frac{\Delta u - \Delta u_s}{L} = \frac{\Delta u - KP}{L} \qquad (2\text{-}9)$$

K 值可按照如下方法计算得出，即分别取上、下夹头间的距离 $L = 50\text{mm}$、100mm、200mm、250mm 的试样每组各 5 个，从每个试样计算得出 $\dfrac{\Delta u}{\Delta P}$ 的值；

然后把 $\dfrac{\Delta u}{\Delta P}$ 与 L 进行线性回归，得出线性回归方程：

$$\frac{\Delta u}{\Delta P} = AL + K \tag{2-10}$$

式中　K——回归直线在 Y 轴上的截距；

　　　A——复丝截面积。

　　试验计算中需要用到纤维束的截面积，复丝截面积测量方法通常采用密度法。即切取给定长度的一束纤维，称其质量，然后根据已测定的纤维密度计算得出该束纤维的体积，再由体积及已知的长度得到其截面积。

2.2　基体材料试验

　　基体材料是复合材料的重要组分材料，其在复合材料中主要起着保持复合材料的形状及几何特性、传递载荷的作用。复合材料的许多性能在很大程度上依赖于基体材料的性能，如复合材料的使用温度取决于树脂基体的耐热性，复合材料的韧性依赖于树脂基体的韧性和树脂/纤维的界面特性，复合材料的成型工艺性由树脂基体的黏度和反应特性等决定。通常基体材料的强度及模量均比纤维低 $1\sim2$ 个数量级，但基体的承载能力也是至关重要的。基体材料的性能直接决定复合材料的某些重要性能，如层间特性、面内剪切、面内横向性能、压缩性能以及抗冲击性能等。因此，对基体材料性能的测试与表征是复合材料研究工作中的重要组成部分。

　　完整的基体性能表征应包括化学特性分析、基本物理性能、热物理性能、流变特性、耐环境特性、力学性能等诸多方面，本节仅涉及其中的一部分内容。试样的成型工艺及加工、试验方法以试验环境等因素都会对试验结果造成直接的影响，因此，应规定明确的一般性试验技术条件及试验方法。

2.2.1　树脂基体化学组分分析

　　树脂基体化学组分分析可采用多种化学分析和仪器分析方法进行，主要涉及的分析要求有确定基体基本和定量化学组成信息的基体树脂元素分析和树脂官能团分析等，在此基础上，还可采用多种光谱分析进一步详细表征树脂的分子结构、构型、构象、形态结构和物理化学特性等，或采用色谱技术表征树脂的精细组成。

　　树脂基体化学分析一般在基体研发过程中进行，要求有较深厚的化学理论知识基础和较强的分析技术手段，复合材料应用单位通常不进行这方面的分析，因此，这里就不详细介绍了。

2.2.2 树脂基体固化反应特性分析

2.2.2.1 固化过程热分析

差示扫描量热分析（DSC）和差热分析（DTA）是分析树脂体系固化反应特征的常用表征技术，它们主要监测热固性树脂固化反应的反应热和反应温度等，也可以表征树脂的分解、氧化降解反应等。对于热固性树脂体系，DSC 和 DTA 主要为树脂体系提供固化反应起始温度、反应峰值温度、反应热熔以及固化反应峰的峰形等参数。DSC 和 DTA 测试可以采用等温模式和动态模式（恒速升温）两种。

由于树脂体系在加热固化反应过程中，树脂从固态变为流动状态、从流动状态因固化反应转变为固态等状态变化，树脂的介电性能均有显著的变化。因此，也可以利用动态介电分析（DETA）表征树脂的固化反应温度等固化反应特征。

2.2.2.2 凝胶时间的测定

凝胶时间是确定复合材料固化过程中加压点的重要参数。通常的凝胶时间测定方法为"小刀法"，也就是将凝胶盘加热至测试温度后，加入少量树脂，并开始计时，同时不断用探针状工具拨动树脂，开始时树脂的分子量较小，探针不能从树脂中挑起丝状树脂；当树脂反应至分子量足够大时，探针能从树脂中挑起丝状树脂；反应继续进行，树脂逐步从线性分子结构向三维网状结构发展时，探针又转变到不能从树脂中挑起丝状树脂，这时树脂就达到了凝胶点。此方法操作简单，设备要求不高，易于实施，同时其准确度也较好。

对于黏度较小的树脂，也可参照 GB/T 12007.7 测定树脂的凝胶时间，其主要原理为：将一定形状和浮力的柱塞悬挂在树脂中，由驱动装置使其以固定的振幅在垂直平面内做简谐运动，并保证柱塞在上升期间上升，在下降时以不比简谐运动更快的速度自由下落。以开始试验时间起，至树脂凝胶物正好能支撑柱塞下降的力而自动检测到的时刻为树脂的凝胶时间。相对而言，此法操作较复杂，需要较为专业的设备。同时，由于在料筒中加料较多（120g～150g），使树脂在反应过程中产生的热量不能及时扩散，导致树脂的实际温度偏离试验控制温度，从而给试验结果带来误差。

也可以在恒温状态下，用黏度计测定树脂的黏度-时间关系曲线，从树脂装入料筒至树脂的黏度突然急剧升高所用的时间就是树脂在该温度下的凝胶时间。

2.2.3 树脂基体物理性能

2.2.3.1 密度试验

相关标准：

GB/T 1033—2008 塑料 非泡沫塑料密度的测定 第1部分 浸渍法、液体比重瓶法和滴定法；GB/T 1033.2—2010 塑料 非泡沫塑料密度的测定 第2部分 密度梯度柱法；GB/T 1033.3—2010 塑料 非泡沫塑料密度的测定 第 3 部分 气体比重瓶法；ASTM D1505—2010 Standard Test Methods for Density of Plastics by the Density-Gradient Technique；ASTM D792—2008 Standard Test Methods for Density and Specific Gravity (Relative Density) of Plastics by Displacement。

无论是工艺过程的控制，还是材料的质量检验，基体材料的密度是最常用的基本物理参数之一，目前还没有一个方法能够直接测定在复合材料中作为基体材料的密度。因此，目前的密度试验只能由基体树脂材料的浇铸体来确定。尽管由于不同的工艺过程及材料状态，纯树脂浇铸体的密度与其在复合材料中的材料状态会有所差别，且其差别的大小程度也无法知道，但也只能采用此方法而别无选择。

实际的密度测量非常简单，可将固化后的树脂基体取样称重并测量其体积，从而获得密度。称量用分析天平可以直接称取，体积的测量较多采用阿基米德浮力法，对结果要求不高时，极少情况下也可以用直接测量法计算体积。采用阿基米德浮力法测量体积较多采用液体浸泡法。具体测量又可采用浸泡称重法、浮沉法、密度梯度法、比重计法等。测量时应注意浸渍液不与被测材料发生反应，且不会被被测材料吸收而影响结果。测量时还应有效去除被测材料表面附着的气泡。

2.2.3.2 软化点试验

对于在室温下呈非晶态的固体或半固体状态的树脂，其软化点也是重要的物理参数之一。这类树脂包括固体环氧树脂、酚醛树脂等。国家标准 GB/T 12007.6 规定了"环球法"测环氧树脂软化点的方法，其基本要点为：测定水平铜环中的树脂，在钢球作用下，于水浴或甘油浴中，按标准规定速度加热至钢球下落 25mm 时的温度，即作为环氧树脂的软化点温度。

2.2.3.3 树脂基体流变性能分析

不论是热固性树脂还是热塑性树脂，它们的工艺特性主要依赖于树脂基体的流变行为。树脂流变性能实际上包括固体和流体的流变行为，但实际上对复合材料成型工艺有直接影响的是流体的流变行为。表征树脂流变性能的主要参数包括剪切黏度、拉伸黏度及熔融指数等。对于复合材料树脂基体的流变性能主要通过树脂的剪切黏度表征。测试剪切黏度的黏度计主要有：毛细管黏度计、同轴圆筒黏度计、锥板黏度计、落球黏度计、平行板黏度计等，同时通过聚合物蠕变性能的研究也可以表征其剪切黏度，各种方法的适用黏度范围及优缺点见表 2-1。

表 2-1 各种剪切黏度测试方法的适用黏度范围及优缺点

测试方法	适用黏度范围/mPa·s	优 点	缺 点
毛细管黏度计	$10^{-1} \sim 10^{7}$	测量条件与挤出、注射等加工条件相近，并可同时研究不稳定流动现象等	剪切速率不均一，低剪切速率下测定低黏度试样时，剪切应力测定偏低

测试方法	适用黏度范围/mPa·s	优 点	缺 点
同轴圆筒黏度计	$10^{-3} \sim 10^{12}$	剪切速率接近均一,仪器校准容易,修正量较小	限于低黏度流体,在较低剪切速率下使用
锥板黏度计	$10^{2} \sim 10^{11}$	剪切速率均一,试样用量少,装填和清理容易,可用于测量较大的黏度,数据处理简单	转速较高时试样有溢出和破坏倾向,得不到正确数据
落球黏度计	$10^{-5} \sim 10^{4}$	仪器简单操作方便,不需要特殊的设备和技术	剪切速率不均一,不能用于研究流体黏度的剪切速率依赖性
平行板黏度计	$10^{3} \sim 10^{8}$	剪切速率均一,试样用量少,装填和清理容易,可用于测量较大的黏度,数据处理简单	转速较高时试样有溢出和破坏倾向,得不到正确数据

各种动态力学性能测试方法(DMTA、TBA)也可用于表征树脂的流变特性,树脂的加载频率、温度、固化状态等在它们的动态谱图中均有不同程度的响应。从谱图中可以直接得到树脂的贮能模量、损耗模量、损耗角及复数黏度等参数,并从中可以分析树脂固化过程的形态变化。另一方面,树脂在固化过程中,随着树脂黏度和形态的变化,其介电常数、介电损耗角等电性能参数均随之变化。因此,动态介电分析(DETA)测定树脂的电性能参数随频率、温度、时间等参数的变化规律,也能表征树脂黏度和物理状态的变化。

2.2.4 树脂基体力学性能

2.2.4.1 树脂浇铸体拉伸试验方法

本试验方法适用于测定树脂浇铸体材料的拉伸强度、弹性模量、断裂伸长率、应力-应变曲线等。

相关标准:GB/T 2567—2008 树脂浇铸体性能试验方法;ASTM D638—2010 Standard Test Methods for Tensile Properties of Plastics;ASTM D882—2012 Standard Test Methods for Tensile Properties of Thin Plastics Sheeting。

(1) 试样制备 试样制备时,可以先用模具浇铸一平板,然后再经切割加工成所需试样。也可以直接浇铸成型为试验所需试样。准备好的试样内部应无气孔、夹渣等缺陷,外表面及边角处不要有划痕、缺口及胶瘤,必要时可对试样表面进行抛光。

典型的拉伸试样形状及尺寸(单位为 mm)如图 2-2 所示。

(2) 试验要点

① 试验时,将试样装夹在试验机的上、下夹具之间,确保试样的中轴线与试验机上、下夹具的加载中心线一致。

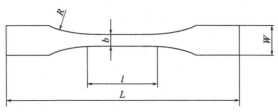

$L \geqslant 200$；$W = 25 \pm 0.5$；$R = 75$；
$l = 60$；$b = 10 \pm 0.2$；厚度$h = 3 \sim 4$

图 2-2 树脂浇铸体拉伸试样（GB/T 2567—2008）

② 如需要测模量及断裂伸长率时，可在试样的中间工作段内装上引伸计，也可用应变片测量应变。测泊松比时，还需要安装横向引伸计或者横向加贴应变片。

③ 记录最终破坏载荷、断裂时的应变值。必要时，可记录全过程的应力-应变曲线。

④ 为了测量弹性模量，至少需要记录线性段内的应变及载荷。一般来说，允许采用分级加载进行试验，但必须选取合适的加载范围，不要超出材料的线性弹性段。从初始载荷（约为破坏载荷的 5%）开始记录各级的应变及载荷值，直至试验结束，最少应分 5 级～7 级。计算弹性模量之前，应对每级增量的变化情况进行检查，以避免在非线性段内进行计算，给试验结果带来不必要的误差。考虑到操作方便，最好使用自动记录装置。

⑤ 聚合物材料对试验加载速度比较敏感，为了方便试验结果对比，应严格按照标准中规定的速度试验：测定拉伸强度时，速度为 10mm/min，测定弹性模量时，速度为 2mm/min，仲裁试验速度也为 2mm/min。

(3) 结果计算

① 拉伸强度：按照式（2-11）计算

$$\sigma_t = \frac{P_b}{bh} \tag{2-11}$$

式中　σ_t——试样的拉伸强度；

　　　P_b——试样拉伸时的破坏载荷；

　　　b——试样的截面宽度；

　　　h——试样的厚度。

② 拉伸弹性模量：按照式（2-12）计算

$$E_t = \frac{\Delta P L}{bh \Delta l} \tag{2-12}$$

式中　E_t——试样的拉伸弹性模量；

　　　L——试样标距段长度；

ΔP ——试验载荷-变形曲线的初始线性段内任意选取的载荷增量；

Δl ——与载荷增量对应的变形增量；

b ——试样的截面宽度；

h ——试样的厚度。

③ 拉伸断裂伸长率：按照式（2-13）计算

$$\varepsilon_t = \frac{\Delta l}{L} \times 100\% \qquad (2\text{-}13)$$

式中　ε_t ——试样破坏时的应变；

L ——试样标距段；

Δl ——试样破坏时标距段的变形量。

2.2.4.2　树脂浇铸体压缩试验方法

本试验方法适用于测定树脂浇铸体材料的压缩强度、压缩弹性模量、压缩断裂应变以及压缩应力-应变曲线。

相关标准：GB/T 2567—2008　树脂浇铸体性能试验方法；ASTM D695—2010 Standard Test Methods for Compressive Properties of Rigid Plastics。

(1) 试样制备　典型的试样的几何形状和尺寸如图 2-3 所示。

试验过程中，有失稳现象时，试样高为 15mm±0.5mm，测定压缩弹性模量在试样上安装变形仪表时，试样高可为 30mm～40mm。

试样上、下两端面要求互相平行，且与试样中心线垂直，不平行度应小于试样高度的 0.1%。

(2) 试验要点

① 试验时，将试样放置于上、下两块相互平行的加载平板间，试样的中轴线应尽量与试验加载线重合，其中一块加载平板与试验设备通过球面相连接，以适应试样的微小不平，并使试样端面均匀承受压缩载荷。

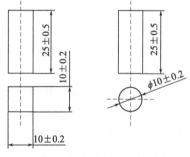

图 2-3　树脂浇铸体压缩试样（单位：mm）

② 测定压缩强度时，试验速度为 5mm/min；测定弹性模量和载荷-变形曲线时，速度应为 2mm/min。

③ 测弹性模量时，可在试样的中部的标距段内安装变形测量装置，必要时，可采用高度稍增大些（30mm～40mm）的试样来测弹性模量。也可以直接以试样的全高作为标距段，进行弹性模量试验，此时弹性模量与强度试验可一次完成。

④ 采用此类试样及方法进行压缩性能试验，最好记录载荷-位移的全曲线，以选取适当的区间来计算弹性模量。通常很多情况下，载荷-位移曲线呈 S 形。因此，需要进行分析曲线的情况，以确定是否需要进行初始段修正。

⑤ 有失稳和端部挤压破坏的试样，应予作废。同批有效试样不足 5 个时，应重做试验。

(3) 结果计算

① 压缩强度按照式（2-14）计算：

$$\sigma_c = \frac{P_b}{F} \tag{2-14}$$

式中　σ_c——压缩强度；

P_b——试样至破坏时所承受的最大的压缩载荷；

F——试样的截面面积。

② 压缩弹性模量按照式（2-15）计算：

$$E_c = \frac{\Delta P L}{F \Delta l} \tag{2-15}$$

式中　E_c——压缩弹性模量；

ΔP——试验载荷-变形曲线的初始线性段内任意选取的载荷增量；

Δl——与载荷增量对应的变形增量；

L——试样标距段长度；

F——试样的截面面积。

树脂浇铸体的压缩性能也可以采用平板试样进行，试验方法可参照 ASTM D695 试验标准或其他类似标准。

2.2.4.3 树脂浇铸体弯曲试验方法

树脂浇铸体的弯曲试验方法采用三点弯曲方法，可测定树脂浇铸体材料的弯曲强度、弯曲弹性模量及弯曲载荷-挠度曲线。

相关标准：GB/T 2567—2008 树脂浇铸体性能试验方法；ASTM D 790—2010 Standard Test Methods for Flexural Properties of Unreinforced and Reinforced Plastics and Electrical Insulating Materials。

弯曲试验通常采用三点弯曲加载，其加载示意图如图 2-4 所示。

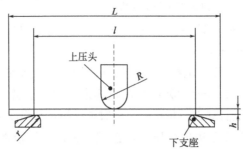

图 2-4　弯曲试验加载示意

R—上压头半径；r—下支座半径；L—试样长度；h—试样厚度；l—跨距

(1) 试验的主要技术参数

弯曲试验主要技术参数见表 2-2。

表 2-2 弯曲试验主要技术参数 (GB2570)

R/mm	r/mm	L/h	加载速度/（mm/min）	试样尺寸/mm
5	2	16	测量强度时为 10，测量弹性模量时为 2	宽度 15，厚度 3～6，长度一般不小于 20 倍厚度

(2) 试验要点

① 常规试验速度 2mm/min～10mm/min，测定弯曲弹性模量时，试验速度 2mm/min；仲裁试验速度 2mm/min。

② 将合格试样编号，测量试样跨距中心处附近 3 点的宽度和厚度，取算术平均值。

③ 调节跨距 L 及加载上压头位置，准确到 0.5mm，加载上压头位于支座中间，且与支座相平行。

④ 将试样放于支座中间位置上，试样的长度方向与支座和上压头相垂直。

⑤ 调整加载速度，选择试验机载荷范围及变形仪表量程。

⑥ 测量弯曲强度或弯曲应力时，按规定速度均匀连续加载，直至破坏，记录破坏载荷值或最大载荷值。若试验变形达到 1.5h 时仍不发生破坏，则记录此时的载荷值作为最终破坏载荷，并终止试验。

⑦ 测定弹性模量或绘制载荷挠度曲线时，在试样跨中底部或上压头与支座的引出装置之间安装挠度测量装置。施加初载荷（约 5％的破坏载荷）检查调整仪表，开动试验机按规定的速度施加载荷。在破坏载荷 40％以内，以一定间隔记录载荷和相应的挠度值，有自动记录装置时，可连续加载。

⑧ 在试样中间的 1/3 跨距（L）以外破坏的应予作废，另取试样补充。若同批有效试样不足 5 个时，应重做试验。

(3) 结果计算

① 弯曲强度或弯曲应力按下式计算：

$$\sigma_{\text{f}} = \frac{3PL}{2bh^2} \tag{2-16}$$

式中　σ_{f}——弯曲强度或弯曲应力，MPa；

　　　P——破坏载荷或最大载荷或定挠度载荷，N；

　　　L——跨距，mm；

　　　b——试样宽度，mm；

　　　h——试样厚度，mm。

② 弯曲弹性模量按下式计算：

$$E_f = \frac{L^3 \Delta P}{4bh^3 \Delta f} \tag{2-17}$$

式中　E_f——弯曲弹性模量，MPa；

　　　ΔP——对应于载荷挠度曲线上，初始直线段的载荷增量值，N；

　　　Δf——与载荷增量 ΔP 对应的跨中挠度，mm；

　　　b——试样宽度，mm；

　　　h——试样厚度，mm。

2.2.4.4　树脂浇铸体冲击试验方法

冲击试验是衡量材料冲击韧性的一种方法，作为复合材料的基体材料，树脂浇铸体的冲击性能是材料研究过程中的一个重要参数。本方法采用简支梁式的摆锤冲击试验机进行冲击试验。

相关标准：GB/T 2567—2008　树脂浇铸体性能试验方法。

(1) 试样制备　试验采用带切口或者不带切口的两种试样。试样分为Ⅰ型及Ⅱ型（见图 2-5），每种类型中又分为标准样和小试样。按照 GB/T 2567 的要求，试样的尺寸规定如表 2-3 所示。

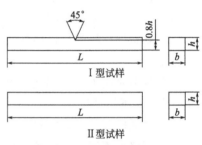

图 2-5　树脂浇铸体冲击试样的几何形状

表 2-3　冲击试样的类型及基本尺寸（GB/T 2567—2008）

试样形式	长度/mm	宽度/mm	厚度/mm	缺口下厚度/mm	缺口圆弧半径/mm	跨距/mm
V 形缺口试样	120 试样	150 试样	100 试样	0.8h	0.25 样（71 基）	70
V 形无缺口试样	120 试样	150 试样	100 试样			70
V 形缺口小试样	80 口小试样	10 口小试样	4±0.3	0.8h	0.253 样（71 基）	60
V 形无缺口小试样	80 口小试样	10 口小试样	5±0.3			60

(2) 试验条件

采用简支梁式摆锤冲击试验机，摆锤刀刃、试样和支座三者的几何尺寸及其相互位置如图 2-6 所示。摆锤冲击试样中心时的冲击速度为 2.9m/s，极限偏差±10％。

(3) 试验要点

① 将试样编号，无缺口试样测量试样中部的宽度、厚度；缺口试样测量缺口下的宽度、测量缺口下两侧的厚度取其平均值。

② 根据试样破坏所需的能量选择摆锤，使消耗的能量在摆锤能量的 10％～

85％范围内。

③ 用标准跨距样板调节支座的距离。

④ 试验前检查试验机空载消耗的能量，使空载冲击后指针指到零位。

⑤ 抬起并锁住摆锤，将试样整个宽度面紧贴在支座上，并使冲击中心对准试样中心或缺口中心的背面。

⑥ 平稳释放摆锤，从度盘上读取冲断试样所消耗的能量。

⑦ 冲断在非缺口处试样应予作废，另取试样补充。无缺口试样均按一处断裂计算。试样未冲断应不作取值。同批有效试样不足 5 个时，应重做试验。

（4）结果计算　冲击强度按下式计算：

$$a_{k} = \frac{A}{bh} \qquad (2\text{-}18)$$

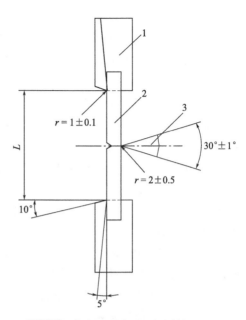

图 2-6　简支梁式冲击示意（单位：mm）
1—支座；2—试样；3—摆锤刀刃

式中　a_{k}——冲击强度，kJ/m^2；

A——冲断试样所消耗的能量，mJ；

b——试样缺口下的宽度或无缺口试样中部的宽度，mm；

h——试样缺口下的厚度或无缺口试样中部的厚度，mm。

2.3　预浸料试验

2.3.1　树脂含量

相关标准：GB/T 7192 预浸料树脂含量试验方法；ASTM D3529M—2010 Standard Test Methods for Constituent Content of Composite Prepreg；ASTM C613—1997（2008）　Standard Test Methods for Constituent Content of Composite Prepreg by Soxhlet Extraction。

预浸料树脂含量试验的基本点就是将树脂分离出来，根据前后质量变化，确定预浸料的树脂含量。预浸料的树脂含量可以利用萃取或者溶解的方法将树脂从预浸料中完全溶于溶剂中，但萃取法或溶解法不适用于纤维增强材料在溶剂中有重量变化及处于 B 阶段固化程度较高的预浸料。对于玻璃纤维及其织物预浸料，还可以采用灼烧的方法。

预浸料的树脂含量根据是否包含树脂挥发分而有湿树脂含量和干树脂含量之分，湿树脂含量是含有挥发分的树脂质量与预浸料质量的百分比，干树脂含量则是不含有挥发分的树脂质量与预浸料质量的百分比。

(1) 试验原理

① **溶解萃取法**：将试样放在溶剂或索氏萃取瓶中，用适当的溶剂进行萃取，使预浸料中的树脂完全溶解。根据试验前后试样的质量变化，计算预浸料的树脂含量。此方法适用于碳纤维、玻璃纤维和芳纶纤维。

② **酸解法**：将试样放入硝酸或浓硫酸/双氧水等酸液中，经一段时间煮沸，使预浸料中的树脂完全溶解。根据试验前后试样的质量变化，计算预浸料的树脂含量。此方法适用于碳纤维、B阶段程度高的预浸料，但不适用于其增强材料会受酸液影响的预浸料。

③ **灼烧法**：将试样放入坩埚，在马弗炉中灼烧，烧尽预浸料中的树脂。根据试验前后试样的质量变化，计算预浸料的树脂含量。此方法只适用于玻璃纤维等高温下不降解纤维制备的预浸料。

(2) 仪器设备和材料

① 金属样板，100mm×100mm。

② 分析天平，感量0.001g。

③ 电热板或恒温水（油）浴。

④ 烧杯，400mL，三个。

⑤ 索氏提取器，循环量50mL。

⑥ 烧瓶，容积为125mL或250mL。

⑦ 定量滤纸萃取筒，直径以能放入萃取器为宜，高度略低于萃取器虹吸管。

⑧ 干燥器。

⑨ 鼓风干燥箱，精度±2℃。

⑩ 材料：所用溶剂为工业纯或化学纯，应能完全溶解树脂基体，而不使增强材料和填料的质量发生变化。有争议时，所用溶剂应为化学纯。

(3) 试样　试样尺寸为100mm×100mm。试样数量不少于3个。

(4) 试验要点

① 溶解法。

a. 精确测量试样的面积。试样按下列方法洗出树脂：

Ⅰ. 室温溶剂浸泡法，在装有适量溶剂的烧杯中分别投入试样，浸泡，并用玻璃棒或超声振动器轻轻搅拌，至少保持10min，将溶液缓慢倒出，重复三次，不应使纤维受损失。

Ⅱ. 溶剂煮沸法，在装有适量溶剂的烧杯中分别投入试样浸泡后，置于电热板上或恒温水（或油）浴中，用表面皿盖上烧杯，用玻璃棒轻轻搅拌，使溶剂沸腾至少 5min，将溶液缓慢倒出，重复三次，不应使纤维受损失。

b. 将清洗、沥干后的纤维置于已知质量的烧杯中，再置于已恒温的鼓风干燥箱中。当所用溶剂的沸点不高于 100℃时，干燥温度为 120℃；当所用溶剂的沸点高于 100℃时，干燥温度为 160℃。干燥时间至少为 15min。

c. 取出烧杯，放入干燥器，自然冷却至室温。

d. 观察烘干后的纤维状态，如纤维彼此间有黏结现象，应更换溶剂或延长煮沸时间重新进行试验。

e. 称量盛有纤维的烧杯的质量，精确至 0.001g。

② 索氏提取法。

a. 将试样小心地切成方形小片或段，以适于装入萃取筒为宜。

b. 将试样装入已知质量的萃取筒内，称量，精确至 0.001g。

c. 将萃取筒放入萃取器中，同时一支做空白试验。

d. 将溶剂加到萃取器和萃取筒中，浸没试样，溶剂量应根据萃取器、烧瓶的容积而定。

e. 接通冷凝水，通电加热，调节温度，控制回流次数在每小时 3 次～10 次，回流时间至少 4h，或最少回流 20 次，如采用高沸点溶剂，需将萃取器保温。

f. 取出萃取筒，让溶剂流干，放入已恒温的鼓风干燥箱内，当所用溶剂的沸点不高于 100℃时，干燥温度为 120℃；当所用溶剂的沸点高于 100℃时，干燥温度为 160℃。干燥时间至少为 15min。

g. 放入干燥器，冷却至室温。

h. 观察烘干后的纤维状态，如纤维彼此间有黏结现象，应更换溶剂重新进行试验。

i. 迅速称量，精确至 0.001g。

(5) 试验结果

① **溶解法** 预浸料湿树脂含量和干树脂含量分别按下式计算：

$$R_湿 = \frac{m_1 - (m_2 - m_0)}{m_1} 100\% \tag{2-19}$$

$$R_干 = \frac{m_1(1 - 0.01V_R) - (m_2 - m_0)}{m_1(1 - 0.01V_R)} 100\% \tag{2-20}$$

式中 $R_湿$——预浸料湿树脂的含量；

　　　　$R_干$——预浸料干树脂的含量；

　　　　m_1——试样的质量，g；

　　　　m_2——烧杯加纤维的质量，g；

m_0——烧杯的质量，g。

V_R——预浸料挥发分的含量，%。

② **萃取法**　空白试验萃取筒抽提物含量按下式计算：

$$L = \frac{m_{0前} - m_{0后}}{m_{0前}} \times 100\%$$ (2-21)

式中　L——空白试验萃取筒抽提物的含量；

　　　$m_{0前}$——萃取前空白萃取筒的质量，g；

　　　$m_{0后}$——萃取后空白萃取筒的质量，g。

预浸料的湿树脂含量和干树脂含量分别按下式计算：

$$R_{湿} = \left[1 - \frac{m_3 - m_1(1 - 0.01L)}{m_2 - m_1} \right] \times 100\%$$ (2-22)

$$R_{干} = \left[1 - \frac{m_3 - m_1(1 - 0.01L)}{(m_2 - m_1)(1 - 0.01V_R)} \right] \times 100\%$$ (2-23)

式中　$R_{湿}$——预浸料湿树脂的含量；

　　　$R_{干}$——预浸料干树脂的含量；

　　　m_3——萃取后萃取筒和试样的质量，g；

　　　m_1——萃取前萃取筒的质量，g；

　　　L——空白试验萃取筒抽提物的含量；

　　　m_2——萃取前萃取筒和试样的质量，g；

　　　V_R——预浸料挥发分的含量。

2.3.2　纤维面密度

相关标准：ASTM D3776/D3776M—09a（2013），Standard Test Methods for（Mass）Per Unit Area（Weight）of Fabric。

纤维面密度是预浸料的一个重要指标。在按测定预浸料树脂含量的方法除去树脂后，得到纤维的质量。纤维的质量与试样面积之比即为预浸料纤维面密度。

试验的仪器设备和装置、试样及试验要点均同2.3.1节树脂含量测试。

(1) 溶解法　预浸料纤维面密度按下式计算

$$\rho_F = \frac{W_1 - W_0}{A}$$ (2-24)

式中　ρ_F——纤维面的密度，g/m²；

　　　W_1——烧杯加纤维的质量，g；

　　　W_0——烧杯的质量，g；

　　　A——试样的面积，m²。

（2）萃取法　预浸料纤维面密度按下式计算：

$$\rho_F = \frac{m_2 - m_1(1 - 0.01L)}{A}$$ (2-25)

式中　ρ_F——纤维面的密度，g/m^2；

m_2——萃取后萃取筒和试样的质量，g；

m_1——萃取前萃取筒的质量，g；

L——空白试验萃取筒抽提物的含量；

A——试样的面积，m^2。

2.3.3　挥发分含量

相关标准：GB 6065 预浸料挥发分含量试验方法；ASTM D3530—97（2008）Standard Test Methods for Volatiles Content of Composite Material Prepreg。

预浸料中的挥发分主要来源于树脂中的低分子物和湿法预浸时未除去的溶剂。适量的挥发分，在成型时可使树脂具有一定的流动性进而使树脂在复合材料中分布更加均匀。而挥发分含量过高将会使成型后的复合材料空隙率偏高，性能下降。

本试验的基本原理是将给定的称重后的样品按照给定的条件加热，根据加热前后的质量变化来确定预浸料的挥发分含量，并以其所占百分数表示。

（1）仪器和工具

① 鼓风干燥箱。

② 分析天平，感量 0.001g。

③ 金属样板，100mm×100mm。

④ S形金属钩或专用弹簧夹。

⑤ 轻便支架，大小应与干燥箱相适应，支架横梁上带有一定间隔的小钩。

⑥ 计时器。

⑦ 干燥器。

⑧ 脱模布，铝箔。

（2）试样　试样尺寸为 100mm×100mm。取样部位在带宽的左、中、右各取一片。试样数量应不少于 3 片。生产控制测定应在机器稳定运行条件下取样。试样不应含有断股、起毛、干纱或颜色不匀等缺陷。每批材料的取样方式及数量由材料的技术条件规定。

（3）试验步骤

① 按规定取样后，揭掉试样的上下保护膜，立即称量，将试样挂在已知质量的S形金属钩上；对单向预浸料，在其上端用衬有已知质量脱模布的长弹簧夹夹紧，并与S形金属钩相连，挂在支架上。

② 将支架置于已在材料成型温度下恒温的鼓风干燥箱中，并将已知质量的铝箔放在每个试样底部，接住可能流淌下来的树脂。

③ 恒温 15min 后，取出试样，立即放入干燥器中，冷却至室温。

④ 迅速称量。

(4) 试验结果 预浸料挥发分含量按下式计算：

$$V_R = \frac{W_1 - W_2}{W_1} \times 100\%$$
(2-26)

式中 V_R——挥发分含量；

   W_1——试验前试样的质量，g；

   W_2——试验后试样的质量（含 S 形金属钩上及铝箔上树脂的质量），g。

2.3.4 树脂流动性

相关标准：GB 5260 预浸料树脂流动度试验方法；ASTM D 3531/D3531M—2011 Standard Test Methods for Resin Flow of Carbon Fiber-Epoxy Prepreg。

树脂流动度是成型时树脂流动能力的表征。流动性小，树脂难以向纤维中渗透，制品层与层之间往往接触不良；流动性大，固化时往往严重流胶，制品树脂含量减少，还可能因流动大而影响到制品中的纤维方向。适当的流动性，可以驱除层与层之间的空气，降低复合材料的空隙率，保证树脂的均匀性，提高复合材料的层间剪切强度。

试验原理：按照规定的工艺条件将相互叠合的预浸料试样加热到一定的温度并加压保持至树脂完全凝胶，除去流出的树脂，根据过程前后试样的质量变化，确定树脂流动度。

树脂流动度的测试结果受温度、压力及暴露时间等因素影响，因此，试验时应注意严格控制各操作环节。

(1) 仪器/工具和材料

① 平板压机，工作温度和压力满足规范要求。

② 分析天平，感量 0.001g。

③ 金属样板，50mm×50mm、100mm ×100mm 各一块。

④ 干燥器。

⑤ 计时器。

⑥ 材料：吸胶滤纸或平纹玻璃布；聚酯薄膜；透气脱模布。

(2) 试样 试样尺寸为 50mm×50mm。将已切取好的试片，每两片按 [0°/90°] 叠合，构成一个试样。试样数量不少于 3 个。

(3) 试验要点

① 按预浸料树脂含量切取吸胶滤纸或平纹玻璃布、脱模布、聚酯薄膜等。

② 称量试样。

③ 按下述程序叠合试样组合件：

a. 将一块聚酯薄膜放在干净台面上，铺上两块吸胶纸或平纹玻璃布，再放上一块脱模布，所有边缘均应对齐；

b. 将已称量的试样放在脱模布的中央，使其边缘保持平行；

c. 在试样上面依次铺放一块脱模布、两块吸胶纸或平纹玻璃布、一块聚酯薄膜，并使边缘对齐。

④ 称量组合件的质量。

⑤ 将试样组合件放入已预热到试验温度的热压板之间，至少保持 2min，记录平板的温度。待温度回升到试验温度，加压至试验压力时，开始计时，并保持至规定的时间。试验温度为材料的成型温度，时间为预浸料凝胶时间加 5min，试验压力采用材料的成型压力。

⑥ 到时间后，卸压，迅速取出试样组合件，并将其放入干燥器内，冷却至室温。

⑦ 再次称量试样组合件。

⑧ 小心地从组合件中分离试样，除去试样边缘的树脂，不应使纤维受到损失。

⑨ 称量试样。

(4) 试验结果　含挥发分的预浸料树脂流动度按下式计算：

$$R_{FL} = \frac{W_1 - W_4}{W_1} \times 100\% \tag{2-27}$$

不含挥发分含量的预浸料树脂流动度按下式计算：

$$R_{FL} = \frac{W_1 - (W_2 - W_3) - W_4}{W_1 - (W_2 - W_3)} \times 100\% \tag{2-28}$$

式中　R_{FL}——树脂流动度；

W_1——试验前试样的质量，g；

W_4——试验后试样的质量，g；

W_2——试验前试样组合件的质量，g；

W_3——试验后试样组合件的质量，g。

2.3.5　凝胶时间

相关标准：GB 5259　预浸料凝胶时间试验方法；ASTM D3532/D3532M—2012 Standard Test Methods for Gel Time of Carbon Fiber-Epoxy Prepreg。

凝胶时间是树脂从开始反应到固化反应结束所需的时间，是复合材料成型工艺中的一个重要参数。凝胶时间的测定能够评价热固性树脂组成特性和进行精确的质量控制。

试验原理：将切取的预浸料试样放置于已预热到试验温度的两片显微镜盖玻片之间，通过盖玻片对试样施加压力，用探针探测流至盖玻片边缘的树脂，记录从开始加热到树脂不再成丝的时间，就是所测凝胶时间。

(1) 仪器和工具

① 电热板，工作温度和精度满足规范要求。

② 裁纸刀。

③ 秒表或计时器。

④ 盖玻片。

⑤ 木制探针或其他低热容材料制成的探针。

⑥ 表面温度计。

(2) 试样

预浸料试样尺寸为 6mm×6mm。试样数量不少于 3 个。

(3) 试验要点

① 将电热板加热至试验温度，温度偏差为±1℃。

② 将一片盖玻片放在已恒温的电热板上，预热使其达到电热板的温度。

③ 把试样放在盖玻片上，迅速用另一块盖玻片盖上，立即计时。

④ 用木辊挤压上盖玻片表面，对试样施加适当压力，以便挤出树脂。

⑤ 用探针不断地挑起试样边缘流出的树脂。观察树脂成丝的倾向，直至树脂不能成丝为止。

⑥ 记录试样在试验温度下从开始加热至树脂不能成丝的时间，即为凝胶时间，精确至 1s。

除了 GB 5259 中介绍的方法外，热分析仪及流变分析仪等仪器均可用来进行预浸料凝胶时间的确定。

2.3.6　黏性/铺覆性

黏性/铺覆性是预浸料的主要工艺性能之一。在贮存过程中，预浸料性能变差的第一个征兆往往是黏性降低。通常，黏性不合格就认为预浸料超过保管期。所以，黏性是预浸料质量控制的关键指标，也是确定预浸料贮存期的主要指标。

试验原理：在规定的条件下，通过粘贴在钢板上的两片预浸料叠层彼此剥离的难易程度来评定预浸料的黏性。

(1) 材料和工具

① 聚四氟乙烯脱模布。

② 橡胶滚轮。

③ 水平工作台。

④ 试验装置，由 4mm～8mm 厚不锈钢抛光板和支架构成，不锈钢抛光板的尺寸为 300mm×300mm，并与台面垂直。

(2) 试样 试样尺寸为 300mm×300mm。单向纤维预浸料试样的两侧边与预浸料纤维方向平行；织物预浸料试样的两侧边与预浸料纤维方向呈 45°。试样数量不少于 15 个。

(3) 试验要点

① 试验前，应在不锈钢抛光板表面铺覆一层聚四氟乙烯脱模布。将带有隔离膜的预浸料样品及试验用的仪器和工具置于标准试验条件下至少 2h。

② 揭去预浸料的隔离膜，揭除时不应损伤纤维。

③ 预浸料自身粘贴试验。

a. 取两个预浸料试样，分别揭去每个试样上的一面隔离膜（或纸）。

b. 把第一个试样放置在水平工作台上（其有隔离膜的一面接触工作台）。

c. 使第二个试样的隔离膜面朝上，并与第一个试样呈 90°交叉铺贴，用橡胶滚轮碾出气泡。

d. 观察并记录两个试样是否相互粘贴。

e. 将两个试样彼此分离时，观察并记录试样间是否为无损分离。

④ 预浸料在试验装置上的粘贴试验

a. 单向预浸料：将三个试样铺贴在试验装置的不锈钢抛光板上，试样的纤维方向与台面平行，然后用橡胶滚轮压紧。一段时间后，观察并记录预浸料与不锈钢抛光板是否分离。试验至少重复三次。

b. 织物预浸料：将三个试样垂直交叉铺贴在试验装置的不锈钢抛光板上，使预浸料经向纤维方向与台面呈 45°，然后用橡胶滚轮压紧。一段时间后，观察并记录预浸料与不锈钢抛光板是否分离。试验至少重复三次。

(4) 试验结果

判定原则：

① 如三次试验结果均为预浸料自身可相互粘贴，则判定为预浸料自身相互粘贴。否则，判定为预浸料自身不能相互粘贴。

② 如三次试验结果均为预浸料可无损分离，则判定为预浸料可无损分离。否则，判定为预浸料不能无损分离。

③ 如三次试验结果均为预浸料与不锈钢抛光板不分离，则判定为预浸料可与不锈钢抛光板粘贴。否则，判定为预浸料不能与不锈钢抛光板粘贴。

2.3.7 吸湿量

相关标准：ASTM D4019—1994a Standard Test Methods for Moisture in Plastics by Coulometric Regeneration of Phosphorus Pentoxide。

　　预浸料的吸湿量是一个重要指标，预浸料吸收的潮气过大，在制件的成型固化过程中会在层间聚集而形成孔隙、分层的缺陷，影响制件的使用性能。可按 ASTM D4019 用库仑分析法测试，也可采用基于 Karl Fischer 微量水分滴定法的自动湿度测试测试仪来测定预浸料的吸湿量。

2.3.8　玻璃化转变温度

　　材料受热后，由玻璃态向高弹态转变时的温度就是玻璃化转变温度。可用 DMA、DSC 等方法测定。

3

复合材料的物理性能试验

单层和层合板性能是复合材料评定和结构设计选材与设计值确定的依据，同时也是结构设计的材料性能数据。单层性能由单向板试样性能试验测定。层合板性能由标准规定铺层方式的层合板试样性能试验测定。

复合材料层合板的基本物理性能测试对复合材料的结构设计、质量控制以及对复合材料性能研究与评价都具有十分重要的意义。随着现代测试仪器的不断发展与完善，越来越多的新型仪器用于复合材料物理性能的测试，提供了更多的测试手段与方法。本章主要介绍复合材料密度、热导率、比热容、热膨胀系数等物理性能的测试方法的基本原理。

3.1 纤维增强塑料的密度和相对密度试验方法

材料的密度是最常用的基本物理参数之一，实际的密度测量非常简单，可将材料取样称重并测量其体积，从而获得密度。重量称量用分析天平可以直接称取，体积的测量较多采用阿基米德浮力法，对结果要求不高时，极少情况下也可以用直接测量法计算体积。采用阿基米德浮力法测量体积较多采用液体浸泡法。具体测量又可采用浸泡称重法、浮沉法、密度梯度法、比重计法等。测量时应注意浸渍液不与被测材料发生反应，且不会被被测材料吸收而影响结果。测量时还应有效去除被测材料表面附着的气泡。

材料的密度就是单位体积材料在特定温度时的质量称为材料在此温度下的密度。有的场合下也用相对密度的概念，所谓相对密度就是一定体积的物质质量与同等体积下、同等温度下参比物质质量之比。

常用的密度测量方法有：浸渍法、比重瓶法、浮沉法、密度梯度法、密度计法等。

相关标准：GB 1463 纤维增强塑料密度和相对密度试验方法；ASTM D792—2013 Standard Test Methods for Density and Specific Gravity（Relative Density）of Plastics by Displacement；ASTM D1505—2010 Standard Test Methods for Density of Plastics by the Density-Gradient Technique；ASTM D4892—1989（2009）Standard Test Methods for Density of Solid Pitch（Helium Pycnometer Method）。

3.1.1　试验原理

基于不同的测试原理，测量复合材料密度的方法很多，本章仅介绍基于浮力法以及几何法的密度试验方法。

① 浮力法：根据阿基米德原理，以浮力来计算试样体积。该方法适用于吸水性不强的材料，所谓吸水性不强，就是说浮力测量不会因为吸水而影响精度。

② 几何法：以规则的几何体作为试样，测量试样尺寸来计算试样的体积，当试样不适合用液体浸泡方法测量体积，例如，吸水性强的材料，可以采用体积法。

3.1.2　试验设备

① 天平，感量 0.0001g；

② 支架，用于将浸泡容器悬挂于天平托盘上方；

③ 容器，烧杯或其他广口容器，用来浸泡试样；

④ 游标卡尺，精度为 0.01mm。

其中②和③用于浮力法，④仅用于几何法。

3.1.3　试样

① 浮力法的试样要求表面光滑，尺寸适中。试样在操作过程中，应避免与容器壁接触。

② 几何法的试样应为规则的几何体，以便于测量其尺寸。

3.1.4　试验要点

(1) 浮力法

① 在空气中称量试样的质量（m_1）和金属丝的质量（m_3），精确到 0.0001g。

② 测量和记录容器中水的温度，水的温度应为 23℃±2℃。

③ 容器置于支架上，将由该金属丝悬挂着的试样全部浸入到容器内的水中。容器绝不能触到金属丝或试样。用另一根金属丝尽快除去黏附在试样和金属丝上

的气泡。称量水中试样的质量（m_2），精确到 0.0001g。除有其他的规定，应尽可能快地称量，以减少试样吸收的水。

④ 按规定的试样数量重复测定。

（2）几何法

① 在空气中称量试样的质量（m），精确到 0.001g。

② 在试样每个特征方向均匀分布的三点上，测量试样尺寸，精确到 0.01mm。三点尺寸相差不应超过 1%。取三点的算术平均值作为试样在此方向的尺寸，从而得到试样的体积（V）。

3.1.5 结果计算

① **几何法**：根据定已直接计算即可。

$$\rho_t = \frac{m}{V} \tag{3-1}$$

式中　ρ_t——试样在温度 t 时的密度，g/cm^3；

　　　m——试样的质量，g；

　　　V——试样的体积，cm^3。

② **浮力法**：试样的密度按照式（3-2）计算。

$$\rho_t = \frac{m \rho_w}{m_1 - m_2 + m_3} \tag{3-2}$$

式中　ρ_t——试样在温度 t 时的密度，g/cm^3；

　　　ρ_w——水在温度 t 时的密度，g/cm^3；

　　　m_1——试样在空气中的质量，g；

　　　m_2——试样在水中的质量，g；

　　　m_3——金属丝的质量，g。

测量时应去除气泡，尽量缩短在水中浸泡时间。

3.1.6 结果讨论

采用浮力法必须要求试样浸泡在液体中不能发生反应，也不会因吸收液体而自身增重，尽可能地减少操作时间，以降低试样增重的可能。浸泡在液体中称重时，应除去试样周围附着的气泡，可用细金属丝将气泡排出。

3.2 树脂含量测试

树脂含量是层合板中树脂所占的体积分数。由于层合板中空隙率非常低，因此在确定树脂体积含量 V_m 的同时，也就确定了纤维体积含量 V_f。

涉及组分材料含量的试验根本在于有效地分离各相，由于复合材料固化过程的不可逆性，给分离工作带来了麻烦。根据纤维特性，可采用酸蚀法、灼烧法及溶剂法进行分离。采用上述方法的前提是在酸蚀、灼烧或者用溶剂清洗时，纤维不会减重。

3.2.1 相关标准

GB/T 2577—2005 玻璃纤维增强塑料树脂含量试验方法；GB/T 3855—2005 碳纤维增强塑料树脂含量试验方法；ASTM D 3171—2011 Standard Test Methods for Constituent Content of Composite Materials。

层合板树脂含量通常采用酸蚀法或灼烧法测定，其测试原理和预浸料树脂含量测试相同。这里介绍酸蚀法测试碳纤维增强层合板的树脂含量。

3.2.2 试验原理

已知质量的试样，基体部分被热硫酸介质消化。热硫酸溶解基体后，含有增强材料的残余物经过滤、清洗、干燥、冷却和称量，计算出增强材料的质量分数。根据复合材料和增强材料两者的密度，可计算纤维体积分数。如果增强材料质量在消化过程中有变化，则需要进行校正。

3.2.3 仪器

① 分析天平，感量 0.1mg；
② 可调节温度的加热器；
③ 烧杯或烧瓶：容积 250mL；
④ 耐酸过滤器：孔径为 $4.5\mu m \sim 9.0\mu m$；
⑤ 吸滤瓶；
⑥ 真空泵及压力表；
⑦ 烘箱。

3.2.4 试样

试样质量约 0.5g，厚度小于 3mm，当试样厚大于 3mm 时应劈开，使之小于 3mm，然后同时消化。试样形状不限，以放入容器合适即可。每组试样至少 3 个。

3.2.5 试验要点

① 称样约 0.5g，精确至 0.1mg。
② 试样放入烧杯或烧瓶内，注入 95%～98% 的硫酸（硫酸用量不得少于

30mL）。插入触点温度计并设置所需温度。

③ 在通风橱内加热装有酸和试样的容器。消化液由室温升至消化温度时间不得少于 15min。（注："消化温度"定义为滴加过氧化氢前的温度。）

a. 环氧、聚酯类碳纤维增强塑料消化温度为 220℃±100℃，不恒温。

b. 酚醛碳纤维增强塑料消化温度为 285℃±50℃，恒温 1h。

c. 不同类型树脂消化温度的选择依据是：在所选定的温度条件下，按④滴加 30%过氧化氢能使消化液澄清且纤维能全部浮至液面。

④ 消化后的混合液用 30%过氧化氢澄清。

a. 将过氧化氢沿瓶壁缓慢滴加，至消化液澄清、纤维浮至溶液表面为止。

b. 再加热澄清后的消化液至消化温度，保温 10min，如又浑浊，需再滴加、搅拌，至澄清为止。

⑤ 称量洗净并恒重的过滤器，精确至 0.1mg。

⑥ 用蒸馏水稀释澄清并冷却后的消化液，真空抽滤。抽滤压力以 18kPa 为宜。并用蒸馏水反复抽滤，直至溶液呈中性。最后用丙酮（约 30mL）冲洗一次。

⑦ 抽滤后的纤维和过滤器放入 150℃±5℃烘箱内干燥 2h，再放入干燥器内冷却至室温，称量，精确至 0.1mg。此质量减去⑤中过滤器质量则得消化后碳纤维的质量。

⑧ 称量一束对试样有代表性的纤维，按上述同样条件做空白试验。纤维质量约等于被消化试样质量，长度与试样中纤维长度相近，然后计算空白纤维质量损失率。

3.2.6 结果计算

① 碳纤维增强塑料树脂含量按下式计算：

$$M_r = \left[1 - \frac{G_2}{G_1(1-M_1)} \right] \times 100\% \qquad (3\text{-}3)$$

式中　M_r——碳纤维增强塑料树脂的质量含量；

　　　G_1——消化前碳纤维增强塑料试样的质量，mg；

　　　G_2——消化后剩余碳纤维的质量，mg；

　　　M_1——空白试验的纤维质量损失率，%。

② 碳纤维增强塑料纤维体积含量按下列公式换算：

$$V_f = \left[\frac{G_2}{\rho_f(1-M_1)} \div \frac{G_1}{\rho_C} \right] \times 100\% \qquad (3\text{-}4)$$

或

$$V_f = \frac{M_f \rho_c}{\rho_f} \times 100\%$$ (3-5)

式中　　V_f——碳纤维增强塑料纤维的体积含量；

　　　　ρ_f——碳纤维的密度，g/cm^3；

　　　　ρ_c——碳纤维增强塑料试样的密度，g/cm^3；

　　　　M_f——碳纤维增强塑料纤维的质量含量；

　　　　G_1——消化前碳纤维增强塑料试样的质量，mg；

　　　　G_2——消化后剩余碳纤维的质量，mg；

　　　　M_1——空白试验的纤维质量损失率。

3.3　复合材料层合板纤维体积含量和孔隙率（显微镜法）

　　复合材料的纤维含量是指纤维在复合材料中所占的比例，通常在设计中用体积分数表示，所以又称为纤维体积含量。

　　相关标准：GB/T 3365—2005　碳纤维增强塑料孔隙含量和纤维体积含量试验方法（显微镜法）。

3.3.1　试验原理

　　显微镜法基于图像分析技术，可以给出纤维体积含量、孔隙率以及树脂含量的试验结果。其基本原理主要基于二维图像下，纤维等组分材料的截面面积可以代表材料的体积信息，从而通过对截面显微图像的信息分析，获得组分材料体积分数。

　　① 通过光学显微镜、图像分析仪或透明方格纸，在整个试样截面上测定孔隙总面积与试样截面面积百分比，即为该试样的孔隙含量。

　　② 通过光学显微镜、图像分析仪测定观测面内纤维所占面积与观测面积的百分比，即为该试样的纤维体积含量。

　　上述原理对于等截面纤维的情况有效，适用于单向预浸料等类型的材料，但不适用于织物增强复合材料。该方法理论上适用于碳纤维等增强复合材料，对于玻璃纤维增强复合材料，由于纤维与周边增强相间图像的对比度比较小，该方法的使用效果比较差。该方法同样适用于其他类型的具有较高组分间图像对比度的纤维材料。

3.3.2　试验设备

　　① 反射显微镜，附有目镜网格、测微尺等附件。

② 图像分析仪，具有定量测量分析软件（颗粒面积，面积百分比）和数据处理系统。

③ 金相显微镜，能放大到 1200 倍以上。

④ 磨片、抛光设备。

⑤ 计数器。

⑥ 求积仪。

3.3.3　试样

(1) 取样

① 单向铺层试样，沿垂直于纤维轴向的横截面取样，长为 20mm、宽为 10mm、高为试样厚度。孔隙含量试样每组试样不少于 5 个，纤维体积含量试样每组不少于 3 个。

② 正交及多向铺层试样，沿垂直于纤维轴向的横截面上至少各取 3 个横截面长为 20mm、宽为 10mm、高为试样厚度的试样。试样在切取过程中应防止产生分层、开裂等现象。

(2) 制样

① 测量试样：先测量试样横截面的长度和宽度，精确至 0.01mm。

② 将试样用包埋材料包埋。

③ 将包埋好的试样在磨片机上依次用由粗到细的水磨砂纸在流动水下湿磨，然后在抛光机上用适当的抛光织物和抛光膏抛光，直至试样截面形貌在显微镜下清晰可见为止。磨平、抛光过程中，每更换一次砂纸都应将试样彻底清洗干净。如有抛光膏堵塞孔隙现象，可用超声波清洗器清洗试样。

3.3.4　试验要点

(1) 孔隙含量试验

1) 显微镜标尺测定法

① 将制备好的试样置于反射显微镜的载物台上。

② 在 100 倍放大倍数下迅速观察试样整个截面，调整放大倍数，使绝大部分孔隙面积大于 1/4 格。

③ 记录落在孔隙上的格子数，以 1/4 格为最小计数单位。大于 1/4 格的记作 1/2 格；大于 1/2 格的记作 3/4 格；大于 3/4 格的记作 1 格。目镜网格每格面积要在选定的放大倍数下以测微尺进行标定。

2) 图像分析仪法

① 可采用试样及显微照片两种方式在图像分析仪上测定孔隙含量。

② 将制备好的试样置于图像分析仪的载物台上。

③ 调节图像分析仪的放大倍数，能清晰看见测试样截面。可摄取试样照片或直接测定试样整个截面上孔隙绝对面积或孔隙面积与试样截面面积的百分比数值并记录试验结果。

3）放大方格计数法

① 将制备好的试样置于显微镜的载物台上。

② 调节显微镜的放大倍数，摄取放大 10 倍显微镜照片并在照片上覆盖透明方格纸或透明毫米纸。

(2) 纤维体积含量试验

1）图像分析仪法

① 将制备好的试样置于图像分析仪的载物台上。

② 调节观测面亮度及聚焦平面以获得清晰的纤维截面形貌。观测面内不得有空隙。

③ 调节图像分析仪的放大倍数到 500 倍以上，并能清晰区分单根纤维。

④ 测定纤维所占面积与观测面积的百分比数值并记录试验结果。每个试样不少于 3 个视野。

2）显微镜法

① 将制备好的试样置于金相显微镜的载物台上。

② 在 200 倍放大倍数下每个试样摄取 3 个观测面的照片各一张，用来测定各观测面的面积及其包含的纤维根数。观测面内不得有孔隙。

③ 在 1200 倍（或大于 1200 倍）放大倍数下摄取显微照片一张，用来测定纤维的平均截面积。

④ 在照片上用求积仪或其他方法求得 25 根纤维的平均截面积。如纤维为圆形截面，也可测量直径来计算截面积。

3.3.5　结果计算

(1) 孔隙含量的计算

① 显微镜标尺测定法、图像分析仪法或放大方格计数法均应求出每个试样被测面积内的孔隙个数，孔隙面积的最大值和最小值，孔隙的总面积和孔隙含量。

② 孔隙含量按下式计算：

$$X = \frac{N_v A_g}{A} \times 100\% \tag{3-6}$$

式中　X ——孔隙含量；

　　　N_v ——试样孔隙所占格子数；

A_g——每格面积，mm^2；

A——试样截面面积，mm^2。

（2）纤维体积含量的计算

① 图像分析仪法测定的纤维体积含量按下式计算：

$$V_f = \frac{\sum\limits_{i=1}^{n} V_{fi}}{n}$$ (3-7)

式中　V_f——纤维体积含量；

V_{fi}——第 i 个观测面内的纤维体积含量；

n——试样观测面的个数。

② 显微镜法测定的纤维体积含量按下式计算：

$$V_f = \frac{N A_f}{A} \times 100\%$$ (3-8)

式中　V_f——每个观测面内的纤维体积含量，%；

N——观测面内的纤维根数；

A_f——单根纤维的平均截面积，μm^2；

A——观测面积，μm^2。

3.4　热导率的测定

当材料内部存在温度梯度时，热能就会从高温区向低温区流动，这就是热传导，傅里叶热传导定律是这类问题的基础理论。

$$q = -\lambda\, \mathrm{grad}T$$ (3-9)

式中　q——热流，表示单位时间通过单位面积的热量；

$\mathrm{grad}T$——表示温度梯度；

λ——表示单位温度梯度下的热流密度。

λ，即热导率，可以看出，它是一个和材料导热能力相关的量。不同的材料，热导率也不尽相同，即使是同种材料，在不同的温度环境下，其热导率也不相同。对于复合材料而言，热导率也体现出各向异性的特性，因此，在不同方向上，复合材料的热导率是不同的。

热导率测试方法一般可分为稳态法和非稳态法两类，两类方法各自具有不同的特点，可根据不同的需要选取。

稳态法中试样处于稳态温度场中，在测试环境达到热平衡状态时，测定单位时间里通过试样单位面积上的热量、温度梯度以及几何尺寸等，再由傅里叶定律直接计算热导率。这类方法的主要特点是设备相对简单，测试准确，数据处理方便，但是需要在稳态温度场下测试，需要的时间很长。

　　非稳态测试法中，测试是在非稳态温度场下完成的，通常使试样的某一部分产生突然的或者是周期性的变化，在试样的另外部分记录温度随时间的变化关系，再根据由特定边界条件所导出的非稳态导热方程，求解出热导率。这种测试方法的特点是：测试速度快，并且有些非稳态方法还能同时测出热导率、导温系数和比热容。此法的主要缺点是需要较复杂的设备，而且因为导热方程的边界条件在测试过程中无法完全满足，因而测试误差较大。

3.4.1　相关标准

　　GB 3139—2005　纤维增强塑料导热系数试验方法；

　　ASTM C177—2010　Standard Test Methods for Steady-State Heat Flux Measurements and Thermal Transmission Properties by Means of the Guarded-Hot-Plate Apparatus；

　　ASTM E1225—2009　Standard Test Methods for Thermal Conductivity of Solids by Means of the Guarded-Comparative-Longitudinal Heat Flow Technique；

　　ASTM C518—2010　Standard Test Methods for Steady-State Thermal Transmission Properties by Means of the Heat Flow Meter Apparatus。

3.4.2　试验原理

　　采用平板稳态法测定复合材料的热导率，测定热导率方法的基本原理是：调节主加热板与护加热板以及主加热板与底加热板之间的温差，使之达到平衡。达到稳定状态后，测定主加热板的功率和试样两面的温差。

　　护加热板法是在稳定状态下，单向热流垂直流过板状试样；通过测量在规定传热面积的一维恒定热流量及试样冷热表面的温差，可以计算出试样的热导率。

3.4.3　试验装置

　　加热板：由主加热板和包围主加热板并有一定间隙的护加热板组成，加热板的边长或直径一般是100mm，护加热板的宽度是加热板边长或直径的1/4，并有适当保温措施。主加热板表面各点温差不大于稳定状态下试样两面温差的2%，但最大不得大于0.5℃。护加热板表面各点温差不大于稳定状态下试样两面温差的5%，最大不得大于1℃。加热板表面的不平度应不大于0.25mm/m。

　　冷却板：板内应具有螺纹式双向液体回路，冷却板的尺寸及接触试样表面状态与加热板相同，但冷却板不设间隔。

3.4.4 试样

试样的尺寸应满足：试样的边长或直径与加热板相等，试样的厚度至少是5mm，最大不大于其边长或直径的1/10。

试样的表面应平整，表面不平度不大于 0.5mm/m，试样的两侧应平行。

试样应在不影响材料性能的前提下，烘至恒重或按照产品技术要求处理，但最高温度不得大于 105℃。这里所说的恒重是指试样在处理温度下，相隔 2h 重量变化不大于 0.2%。

每组有效试样数量不少于 3 个。

3.4.5 试验要点

安装试样时应注意消除空气夹层。

调节主加热板与护加热板以及主加热板与底加热板之间的温差，使之达到平衡。

达到稳定状态后，测定主加热板的功率和试样两面的温差。

3.4.6 结果计算

热导率 λ 按下式计算：

$$\lambda = \frac{0.239Wd}{S\Delta t} \tag{3-10}$$

式中　　λ——热导率，W/(m·K)；

　　　　W——主加热板稳定时的功率，W；

　　　　d——试样厚度，mm；

　　　　S——主加热板的面积，cm²；

　　　　Δt——试样两面的温差，℃。

3.5　平均比热容试验方法

材料的比热容定义为单位质量的物质发生单位温度变化所产生的热量改变。显然，比热容是物体贮存热量能力的表现。

根据定义，有如下方程：

$$c = \frac{1}{m} \times \frac{\partial Q}{\partial T} \tag{3-11}$$

式中　　c——比热容，J/(kg·K)；

m——材料的质量，g；

Q——热量，J；

T——温度，℃。

在实际应用中通常使用给定温度段内的平均比热容，试验测定的也是材料的平均比热容，此时，上述方程改写为增量形式：

$$c = \frac{1}{m} \times \frac{\Delta Q}{\Delta T} \tag{3-12}$$

虽然式（3-11）是比热容的理论根源，但显然式（3-12）才是试验测试的依据。

比热容可分为比定压热容和比定容热容两种，工程上常用比定压热容，用 c_p 表示。

对于固体材料来说，这两个比热容值差别不大。

3.5.1 相关标准

GB/T 3140—2005 纤维增强塑料平均比热容试验方法；

ASTM D 2766—95（2009）Standard Test Methods for Heat of Liquids and Solids。

3.5.2 试验原理

将一定质量的试样均匀加热到试验温度后，降落到温度较低的已知比热容值的铜块量热计内，测定量热计的温升。当两者温度平衡时，量热计吸收的热量即等于试样放出的热量，可根据公式计算出试样的平均比热容。

实际上，比热容的测试方法很多，一般固体材料比热容的测试方法均可用于复合材料比热容的测试。下面介绍的方法采用降落法测定复合材料平均比热容，采用铜块量热计，试验装置示意图如图 3-1 所示。

试验时，使加热后的试样（温度为 T）尽快落入量热计（温度为 T_k）中，待达到热平衡后测试热量的改变情况，可得到材料的平均比热容。若假设达到热平衡后的温度为 T_B，则有如下关系：

$$mc_p(T - T_B) = m_k c_{pk}(T_B - T_k) \tag{3-13}$$

式中 m ——试样的质量；

m_k ——量热计的质量；

c_p ——试样的比热容；

c_{pk} ——量热计的比热容；

根据这种平衡关系，即可完成试样的比热容试验。

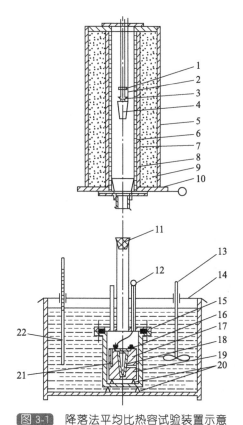

图 3-1 降落法平均比热容试验装置示意

1—试样架；2—热电偶温度计；3—金属丝；4—试样；5—加热炉；6—紫铜管；
7—加热丝；8—绝缘材料；9—保温材料；10—炉门；11—橡皮塞；12—活动盖拉丝；
13—搅拌器；14—恒温水浴；15—量热计外壳（量热计外表镀铬厚 0.02mm）；
16—量热计活动盖；17—量热计；18—标定热值用加热丝；19—量热计内衬；
20—热绝缘支承物；21—铂温度计；22—温度计

3.5.3　试样

试样的形状和尺寸如图 3-2 所示。对于板材可以叠加起来，按图 3-2（b）形式加工，试样中心钻孔，用同类材料做的圆棒贯穿固定。

每批试验的有效试样数量不少于 3 个。

3.5.4　试验过程

准备好的试样可以进行试验。具体可按照 GB/T 3139 的要求进行试验和数据处理。

试验主要步骤概括如下：

① 将试样加热至 95℃～105℃范围内的某一温度，保温不少于 20min，在保

温期间，温度变化应不大于±0.2℃。

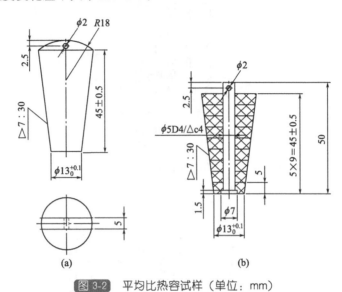

图 3-2 平均比热容试样（单位：mm）

② 将恒温水浴温度调节到比铜块量热计的温度高1℃～1.5℃，待温度恒定，把量热计置于水中，量热计的初始温度应保持在20℃左右。

③ 分三个阶段测量热计的温度变化，落样时的温度记为 t_0，落样后的最高温度记为 t_n。

④ 称试验后的试样质量，精确到0.01g。

3.5.5 结果计算

根据测试结果计算试样的平均比热容：

$$c_p = \frac{H(t_n + t_\delta - t_0)}{M(t - t_n - t_0)} \tag{3-14}$$

式中 c_p——试样的比热容，J/(m·K)；

      H——量热计热值，J/℃

      t_0——落样时刻量热计的温度，℃；

      t_n——量热计最高温度，℃；

      t_δ——量热计温度修正值，℃。

3.6 平均线膨胀系数试验

本方法适用于测定纤维增强塑料平均线膨胀系数。

3.6.1 相关标准

GB/T 2572—2005 纤维增强塑料平均线膨胀系数试验方法；

ASTM D 696—2008 Standard Test Methods for Coefficient of Linear Thermal Expansion of Plastics Between −30℃ and 30℃ with a Vitreous Silica Dilatometer；

ASTM E 831—2012 Standard Test Methods for Linear Thermal Expansion of Solid Materials by Thermomechanical Analysis；

ASTM E 289—2004（2010） Standard Test Methods for Linear Thermal Expansion of Ridid Solid With Interferometry；

ASTM E 228—2011 Standard Test Methods for Linear Thermal Expansion of Solid Materials With a Push Rod Dilaometer。

3.6.2 试验原理

精确测定试样温度及其相应的伸长量，绘制随温度变化的膨胀曲线，计算该曲线直线部分的平均线膨胀系数或者按要求计算某个温度区间内的平均线膨胀系数。

3.6.3 试样与试验装置

试样为圆柱形，直径为 6～10mm，或者是正方形，边长为 5～7mm，试样长度为 50mm 或 100mm。试样的端面必须平整，并且与试样长轴垂直，两端面的平行度为 0.04mm。

每组试验的有效试样数量应不小于 3 个。

试验装置要求能够对试样进行均匀加热，并可控制试样温度上升速率、测定试样温度及其相应伸长量的仪器均可采用。

3.6.4 试验要点

放置试样使试样的中心轴线与膨胀计的石英管的轴线一致，并校准零点。

以 1℃/min±0.2℃/min 的升温速率对试样加热，记录温度及其相应的试样长度变化，直至达到所需的温度。

3.6.5 结果计算

$$\alpha_{T_1-T_2} = \frac{\Delta L}{KL_0\Delta T} - \alpha_{石英} \tag{3-15}$$

式中　ΔT ——温度差，℃；

L_0 ——试样的初始长度，mm；

ΔL ——相应于 ΔT 的试样伸长量，mm；

K ——伸长量测量装置的放大倍数；

T_1 ——测试温度区间的下限，℃；

T_2 ——测试温度区间的上限，℃；

3.6.6　讨论

应根据被测值的数量级选用适当的试验标准，一般而言，ASTM D696 仅用作一般的数据筛选，低膨胀系数纤维增强复合材料沿纤维方向的热膨胀系数测试，推荐选用 ASTM E289，其他情况不必选用此标准。

3.7　复合材料吸湿相关的测试方法

3.7.1　湿扩散过程

湿热对复合材料的影响直接导致玻璃化温度及力学性能的降低，要研究这种影响首先需要了解湿热在复合材料内的扩散过程。湿扩散过程的物理机理遵循质量扩散的 Fick 定律（湿过程可类比于热扩散过程）。当材料的表面直接接触环境时，吸湿与脱湿随时都在进行中。湿气流入或流出材料的过程比较缓慢。湿扩散过程比热扩散过程慢几个数量级。即使如此，在暴露在潮湿环境几周或者几个月后，材料会吸收大量的水。吸水会导致尺寸改变（湿胀），降低聚合物的玻璃化转变温度，降低复合材料由基体和界面控制的力学性能。相当于降低了材料的使用温度。因为吸湿涉及多项应用性能的设计，进行典型吸湿量下的材料性能试验评价是十分必要的。

在实际工程应用中，湿扩散过程是通过很大的材料表面进行的，边界与表面相比，所占比例很小，因此，这种从理论上可以简化为一维问题的扩散过程是工程中主要要考虑的。已经证实，复合材料的湿扩散过程服从 Fick 第二扩散定律，其一维形式可以用如下方程表示：

$$\frac{\partial c}{\partial t} = \overline{d}\ \frac{\partial^2 c}{\partial z^2} \tag{3-16}$$

式中　c ——吸湿量；

　　　$\overline{d}$ ——沿厚度方向的等效扩散系数。

共有两个 Fick 吸湿性能参数，即湿扩散和平衡吸湿量。这些性能通常可采用质量测量的方法来确定（例如 ASTM D 5229M 的方法 A）。

将初始干态的试样置于湿环境中，记录质量增加量，并把它与时间的平方根作图。在早期称量时，质量-时间关系会是线性关系，其斜率与吸水（湿扩散）

率有关系。随着材料外表面吸湿趋向平衡，质量增加随时间平方根变化的斜率持续减小。最后，随着材料的内部达到平衡状态，其后的质量差别趋向于零，曲线的斜率几乎平行于时间轴。这时的质量获得的质量分数就是平衡吸湿量。

图 3-3（b）给出了试样总增重随时间平方根的关系，同时也显示出不同温度下的响应速度的差别。

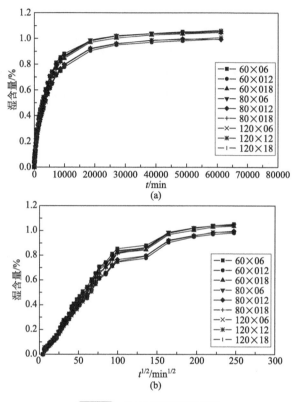

图 3-3 复合材料吸湿过程

根据试验过程中湿含量的变化曲线，可以确定平衡吸湿量和湿扩散系数：

$$d = \pi \left(\frac{h}{4M_e} \right)^2 \left(\frac{M_2 - M_1}{\sqrt{t_2} - \sqrt{t_1}} \right) \tag{3-17}$$

式中　　h——试样厚度，mm；

　　　　M_e——表示等效平衡吸湿量，g；

$\dfrac{M_2 - M_1}{\sqrt{t_2} - \sqrt{t_1}}$——图 3-3（b）曲线初始段的斜率，$g/\sqrt{s}$。

3.7.2　材料耐水性的试验表征

玻璃化温度是衡量材料湿热性能的重要参数。吸湿后会导致材料的玻璃化转变温度降低。由于吸湿后导致材料性能下降，尤其是基体控制的性能，湿热的影响就更为显著了。水分对复合材料的影响机理比较复杂，很难直接研究包含在材料内的水分对材料的影响，通常的做法是测定含湿材料的性能，将结果与原始干态的结果进行比较，从而得出材料在此状态下的性能保持率。

弯曲试验和短梁剪切试验是测定材料性能保持率最常用的方法。

3.7.3　讨论

材料吸水与脱水同时进行，因此，试样应密封存放，取出试验时应尽快完成，以免水分散失过多，影响结果的准确性。高温试验时更应该注意。

应安排原始干态试验作为对比，试样最好取自同批同炉材料，尽可能减少不必要的影响因素，以提高结果的可靠性。

4

复合材料层合板的基本力学性能

随着复合材料日益成为关键结构材料，对复合材料的试验表征工作变得越来越重要了。早期的复合材料力学性能试验方法源于传统金属材料的试验方法，由于复合材料的各向异性的特征，给材料试验工作带来了困难。因此，需要根据复合材料的基本特征，设计与金属材料不同的试验方法，这种适用于复合材料的试验方法，经过数十年的发展，已经形成标准体系，为复合材料力学性能表征，提供了试验方法。这些试验方法可以适用于复合材料基本力学性能试验表征。

这里所说的基本力学性能包括：0°拉伸和压缩模量与强度、断裂伸长率；90°拉伸和压缩模量与强度、断裂伸长率；主泊松比；纵横剪切模量与强度，短梁剪切强度和弯曲性能。

单向板试验是测定单层性能的基本方法，拉伸及压缩性能都是从单向层合板得到的。面内纵横剪切性能是由 $[\pm 45]_{ns}$ 层合板试验确定的。单向板短梁层间剪切强度和弯曲性能（模量和强度）主要用于工艺质量监控、分析界面特性和评定湿/热环境影响程度。

材料性能标准试验方法是获得规范化材料性能数据的重要依据，也是建立产品质量监控方法、材料鉴定/评价方法的技术标准。

目前国内标准试验方法大致可以分为：

① 企业标准——主要供企业内部及企业间合作使用，表示为 Q/XX。

② 部门标准——如航空工业标准（HB）、建材行业标准（JC）等，主要用于本部门。

③ 国家标准（GB）——国内各行业通用标准。

④ 国家军用标准（GJB）——国内军用产品专用标准。

国外标准方法大致可以分为：

① ASTM 标准——美国材料与试验协会标准。

② MIL 标准——美国军用标准。

③ ISO 标准——国际标准化组织标准。

4.1 单向层合板拉伸试验

复合材料拉伸试验方法是最基本的试验方法，通过拉伸试验可测定复合材料的如下单项性能：

E_{1T} ——沿纤维方向的拉伸弹性模量；

E_{2T} ——垂直于纤维方向的拉伸弹性模量；

X_{1T} ——沿纤维方向的拉伸强度；

X_{2T} ——垂直于纤维方向的拉伸强度；

ν_{21} ——主泊松比；

ε_{1T} ——沿纤维方向的应变；

ε_{2T} ——垂直于纤维方向的应变；

除了上述结果外，复合材料试验过程中的信息，对于材料研究人员也是至关重要的，因为不同的失效模式导致不同的试验结果。

4.1.1 试验原理

将按规定要求制备并经状态调节后的单向或正交铺层试样装夹在试验机的上、下夹头上，对其施加拉伸载荷，测定材料的拉伸性能。

4.1.2 试样

对于高性能的复合材料来说，直边形试样是目前被广泛接受的一种试样形式，被多数的复合材料拉伸试验方法选用（如 GB 3354、ASTM D3039 等）。直条形的试样形状简单易于加工，工作段较长，在很大的测试的标距段范围内的应力分布均匀，可方便地同时进行弹性模量、强度以及断裂伸长率的测量，具有适用范围广泛等特点，除了适用于单向层合板拉伸性能试验之外，还可应用于多向层合板以及编织物增强的复合材料的拉伸试验。对于多向及织物增强复合材料的试验，只是试样的宽度需要加宽些。

早期的复合材料拉伸试样的形式是多种多样的，这些试样多采用了变截面形状、变宽度的试样，即哑铃形试样。这种形式的试样一般多用于强度较低的材料拉伸试验，且要求材料的剪切强度应足够高，在拉伸破坏之前不会发生试样加宽段的剪切破坏。同时，这种试样对于改善多向层合板及织物增强复合材料有一定的效果，被一些标准方法采用（如 ASTM D638）。

变厚度试样以及变宽度及厚度试样的典型代表有采用厚度减薄试样的 RAE 以及截面等应力设计的流线形试样。应用的实践表明，这些源自金属材料的试样形式，都没有能够达到预期的效果。这主要是由于复合材料明显的各向异性特性决定的。

如上所述变截面试样主要适用于各向异性程度较低的材料，这种材料可以直接采用哑铃形试样，不需要粘贴加强片。对于各向异性程度较高的复合材料，哑铃形试样已经不再适用。此类材料的剪切强度远小于纵向拉伸强度，因此，哑铃形试样宽度增加部位沿着纵向会发生剪切破坏。因此，对于单向复合材料，宽度改变对于拉伸试验的改善不大，由于变化的宽度导致沿纵向纤维方向发生劈裂而失去改善应力分布的意义，又导致破坏模式复杂化。从实际加工方面看，变宽度试样对于加工的质量具有较高的要求，直线段与变宽度过渡区的连接必须平滑过渡，否则极易造成因连接位置破坏而致使试验失败。

复杂的试样形式逐渐停止使用，代之以简单的直边试样，两端加载区粘贴加强片。这种形式的试样形状简单易于加工，工作段较长，在测试的标距段内的应力分布均匀，可方便地同时进行弹性模量、强度以及断裂伸长率的测量，适用范围广泛，除了适用于单向层合板拉伸性能试验之外，还可应用于多向层合板以及编织物增强复合材料拉伸试验。对于多向及织物增强复合材料的试验，只是试样的宽度需要加宽。

中国国家标准及美国 ASTM 标准采用的都是直条形的试样（见图 4-1），试样的尺寸如表 4-1 所示。

表 4-1 拉伸试验试样尺寸 单位：mm

铺层形式	GB 3354		ASTM D3039	
	试样尺寸	加强片长	试样尺寸	加强片长
$[0]_{ns}$	230×15	50	250×12.7（厚1.0）	56
$[90]_{ns}$	170×25	50	175×25.4（厚2.0）	25
$[0/90]_{ns}$	230×25	50	250×25.4（厚2.5）	—
均衡对称板				
随机取向短纤维板			250×25.4（厚2.5）	—

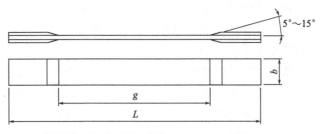

图 4-1　拉伸试样形状与尺寸示意（单位：mm）

4.1.3　加强片

加强片具有承受载荷、保护试样表面、均化及传递载荷的作用，载荷通过加强片的粘接面的剪应力传递至试样夹持区的表面。加强片材料的选取与粘贴质量的好坏，直接影响到试验的结果。因此，加强片粘贴是试样准备工作的重要环节。

至于加强片的倒角目前说法不一，可根据选用标准及具体情况确定。

应力分析结果表明，在加强片附近区域存在剪切应力以及正应力的应力集中且在加强片的根部存在剥离。这主要是由于加强片厚度的突变导致加强片附近应力集中，从应力分布意义上讲，加强片应采用带有倒角的形状，以降低厚度突变导致的应力集中。

然而，对比试验结果表明，对于单向碳纤维/环氧复合材料，加强片倒角在 $10°\sim90°$ 范围内对试验结果并没有显著影响。据此，ASTM D3039 建议的加强片倒角为 $5°\sim90°$，具有广泛的范围。

加强片所用材料的弹性模量应比被测材料低且具有更大的断裂变形。对于单向纤维增强复合材料 0°试样，正交玻璃纤维（布）复合材料是一种较为理想的材料，也有一些文献建议采用 $[\pm45]_{ns}$ 铺层的玻璃纤维（布）复合材料，其次，可选用铝合金材料。加强片的厚度应根据试样的厚度而定，一般对于 16 层的复合材料板，选择 1.5mm～2.5mm 比较合适，ASTM D3039 种规定为 1.5 倍试样厚度。

粘贴的胶黏剂的选择可根据具体试验材料的强度及玻璃化转变温度以及试验条件选取，原则上，应确保试验过程中加强片不会脱落，也不会造成纤维从加强片中纵向抽出。还应注意到加强片的粘贴固化过程应对被试验材料没有影响，一般习惯选取胶黏剂的固化温度比复合材料的固化温度低 30℃。

对于 $[0/90]_{ns}$ 层合板试验，可采用与 $[0]_{ns}$ 相同的加强片。

90°试样可不粘贴加强片，但试验时夹持力应足够小，对试样的表面不应造成严重的损伤。

4.1.4　夹持与加载

　　试验加载是至关重要的，对于各向同性材料或者各向异性程度较低的材料来说，实现拉伸加载比较容易，例如，可以通过类似于 ASTM D638 规定的哑铃形试样端部的销钉孔实现销钉加载或者采用夹持加载的方法，都可以很好地实现拉伸加载。而对于复合材料来说，这种方法就不再有效，销钉孔加载限于复合材料的挤压强度，难以实现拉伸加载。因此，只有通过夹持区的夹持作用实现拉伸加载。换言之，拉伸载荷通过试样夹持面的剪切实现的。

　　拉伸载荷通过试验设备夹头的夹持面传递到试样的加强片，再传递到试样与加强片的粘接面从而对试样工作区形成拉伸加载。

　　试验夹头的加载牙块，具有预先加工的齿状结构，是与试样加强片直接接触的夹持区域，该区域采用高强度材料制成，且具有很高的硬度，以确保在夹持力作用下，齿形区域与试样的加强片表面能够咬合，以增大表面摩擦力，确保在正常试验加载过程中，不会产生滑动。

　　通常夹持区的受力比较复杂，经足够长的过渡区域，到达试样中部工作区的应力分布会变得比较均匀。所以复合材料拉伸试样通常具有较大的长度尺寸。

　　试验的夹持力主要通过以下两种形式实现：①自锁紧楔形夹持块，这种结构仅需要给定初始的预紧力，当楔形夹持块受到拉伸载荷作用时，楔形块对试样的夹持力会随着拉伸载荷的增大而逐渐增大，从而形成自锁紧的状态；②夹持力主要通过液压装置实现，很多液压夹头可以具备液压夹持的功能，可以提供比自锁紧楔形块更大的夹持力。

　　上述两种形式的夹持力分别对应了实际的两种试验装置，即：机械式夹具和液压式夹具。机械式夹具提供的夹持力与拉伸载荷成正比，且随着楔形块的角度而变化，一般合理的楔形块角度约为 10°。如果楔形角度过大可能会导致作用在试样表面的压缩载荷过大，造成试样的损伤。

　　液压夹具提供的夹持力通过液压系统实现，液压系统的压力大小，可以在试验前设定。压力值与试验所需拉伸载荷的大小有关，可在反复试验过程中积累关于压力设定的相关资料，也可在试验之前反复调试至合适的压力值。

　　与机械式夹具相比，液压夹具可以提供精确可控的夹持力，且易于操作，但通常的液压夹具结构复杂，尺寸大，成本远高于机械式夹具。液压式夹具的刚度好，对中性好，可以实现拉伸-压缩反向加载，特别是在实现疲劳加载方面具有机械式夹具无法比拟的优势。

　　夹持力的控制，对于试验过程至关重要，夹持力并非越大越好，也不是越小越好。通常夹持力的大小以能够确保在试验过程中，不产生试样与夹头间的相对滑移为宜，过大的夹持力导致夹持区的应力状态复杂化，甚至导致夹持区发生非预期的破坏。而过小的夹持力会在试样加强片与试验夹头之间发生相对滑动，在加强片表面形成滑移的划痕，也可能导致加强片脱落，从而引起试验失败。

夹持力的大小与试样破坏强度及其几何尺寸密切相关，材料沿纤维方向具有很高的强度，垂直纤维方向的强度较低，而试样的几何尺寸、铺层方向等都会影响试样的最终破坏载荷，设计试验方法时应该充分考虑这些因素，以获得合理的破坏模式。

4.1.5 加载对中性

由于复合材料不会发生屈服，试样对中的偏离会导致局部应力集中，并产生附加的弯矩，0°及90°试样对加载对中性要求都很敏感，对于0°试样，很小的偏载对拉伸强度的影响是非常显著的，有文献表明，1°的偏轴加载会造成拉伸强度降低达30%左右。而对于90°试样来说，对中不好更是对试验结果造成显著的影响。因此准确对中对于复合材料试验是至关重要的。需要尽量设法减小装夹时的偏斜。

试验设备通常有两种形式来保证试验的对中性：一种是试验夹具与刚性机架之间采用刚性连接，通过高精密度的机械系统保证试验夹具的良好对中性，常见的液压伺服材料试验系统采用的液压式夹具即属于这种形式的连接方式；另外一种连接方式是非刚性的连接方式，允许试验夹具与设备系统之间自由转动，试验夹具通过万向节与试验设备相连，并实现自动调节。这类连接方式确保试验区域的对中性。前者的对中性较好，但对设备精度以及设备的日常维护要求较高，且设备的采购和运行成本都比较高，日常维护的成本也比较高。尤其是，对于日常使用频繁的情况，保持设备始终处于高精度状态的维护成本高。如果设备经常运行在高载荷状态，设备的高精度保障就更加困难了。在日常使用中，应注意保持设备的正常使用，避免在使用过程中产生偏轴载荷，以免损害设备的精度。这种情况可能出现在以下几种情况下：①试样纤维方向偏离；②具有非均衡对称的铺层；③试样加工质量较差。

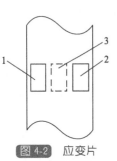

图 4-2 应变片
粘贴位置示意
1~3—应变片

无论是刚性连接夹具，还是通过万向节连接的夹具，选用何种夹具，可根据操作者的喜好以及试验设备的具体情况来确定。

夹持夹具的缺陷可能导致对中性的偏离。应定期检查试验设备的同轴度，必要时做出相应的调整，以确保试验设备处于良好同轴度的工作状态。对中性的检验方法可参照 ASTM D3039 或 ISO 527 的规定。

在试样上粘贴三个应变片，其中正面粘贴两个，背面粘贴一个，如图 4-2 所示。加载过程中，这些应变片所显示的应变值的差别可以确定试件厚度平面（B_y）和宽度平面（B_z）上的弯曲量。应变片位置通常应位于试件工作段的中心（如果模量测量是重点）、夹头附近（如果存在提前夹持破坏问题）或这些区域的组合。

如果对中性良好，这些应变片的输出应该是一致的。由对中性偏离造成的试样弯曲会导致应变片之间输出差异。定义试件厚度平面（B_y）和宽度平面（B_z）上的弯曲量，则应变片输出的差别与定义的弯曲量之间有如下关系：

$$B_y = \frac{\varepsilon_{ave} - \varepsilon_3}{\varepsilon_{ave}} \times 100\% \qquad (4\text{-}1)$$

$$B_z = \frac{\frac{4}{3}(\varepsilon_2 - \varepsilon_1)}{\varepsilon_{ave}} \times 100\% \qquad (4\text{-}2)$$

$$B_{total} = |B_y| + |B_z| \qquad (4\text{-}3)$$

式中　B_y——关于系统 y 轴的弯曲百分数，%；

　　　B_z——关于系统 z 轴的弯曲百分数，%；

$\varepsilon_1, \varepsilon_2, \varepsilon_3$——应变片 1，2，3 的纵向应变值，$\mu\varepsilon$；

　　　ε_{ave}——$\varepsilon_{ave} = [(\varepsilon_1 + \varepsilon_2)/2 + \varepsilon_3/2]$；

　　B_{total}——总弯曲百分数。

ASTM D3039 规定，在 $1000\mu\varepsilon$ 以内，B_{total} 的值应在 $3\% \sim 5\%$ 范围内。这种弯曲程度的监测，可以在弹性模量测试过程中进行。

除了由于对中偏离造成的试样弯曲外，因试样本身的原因也可能会引起试样弯曲，例如，纤维伸直程度的差异、试样沿厚度压实程度的差异等。此时，测试试样的弹性模量应取正、反两面应变的平均值。

有些标准要求在试样夹持的两端安装定位销来帮助试验夹持过程中定位，从而确保试样夹持的对中性。

正式试验开始之前，一般都需要对试样进行预加载，预加载有时需要反复进行，预加载的目的在于调整纤维变形的一致性，从而得到线性程度较好的试验应力-应变曲线，但每次预加载的载荷均应不超过破坏载荷的 50%，且加载过程中不应有纤维断裂声。

4.1.6　试验过程

（1）状态调节　标准状态调节方法：除非另有规定，试验前应在标准试验环境下放置不少于 24h 进行状态调节，GB/T 1446—2005 规定的标准试验环境温度 23℃±2℃；相对湿度 50%±10%。

（2）试验步骤

① 将目视检查合格的试样编号。

② 测量工作段内三个不同位置的宽度和厚度，精确至 0.01mm（参见 GB/T1446—2005）。

③ 原则上，试验速度设置应使试验在 1min 内完成，推荐的横梁位移速率为 2mm/min，或者采用应变控制试验，标准应变率为 0.01/min。

④ 将试样放入试验机夹头，仔细地将被夹持试样与试验加载方向对齐。锁紧夹头，如果采用自动控制压力的装置，应在试验前设置适当的压力。

⑤ 在试样工作段安装应变测量装置，用来监测试样纵向及横向的应变。应变测量装置可根据需要选择引伸计或者在试样的表面粘贴应变片。必要时，可对试样进行弯曲百分数监测。

⑥ 以规定的加载速率对试样连续加载直至破坏，同时记录载荷、位移及应变等数据。如果采用分级加载，则应保证在试验线性段内，不少于 7 个数据点。

⑦ 观察并记录每个试样的破坏模式和破坏区域。

⑧ 每批试验的有效试样数量应不少于 5 个。

4.1.7　数据处理

强度计算直接用记录的破坏载荷除以试样的截面面积，以"MPa"为单位，拉伸强度按式（4-4）计算：

$$\sigma_t = \frac{P_b}{bh} \tag{4-4}$$

式中　　σ_t——拉伸强度，MPa；

　　P_b——试样破坏时的最大载荷，N；

　　b——试样宽度，mm；

　　h——试样厚度，mm。

根据 GB/T 1446 的要求，试验报告要求的结果数据保留三位有效数字，或者按照用户的约定进行数据修约。

拉伸模量则需要在记录的应变-应力曲线的线性部分，通过线性拟合获得曲线的线性段的斜率，即为弹性模量，按式（4-5）计算：

$$E_t = \frac{\Delta P l}{bh \Delta l} \tag{4-5}$$

式中　　E_t——拉伸模量，GPa；

　　ΔP——载荷-变形曲线上初始线性段内的载荷增量，kN；

　　Δl——载荷-变形曲线上与 ΔP 相对应的试样标距段内的变形增量，mm；

　　l——标距段长度，mm；

　　b——试样宽度，mm；

　　h——试样厚度，mm。

主泊松比定义为在纵向拉伸载荷作用下，横向应变增量与相应的纵向应变增量之比，按式（4-6）计算：

$$\mu_{12} = -\frac{\Delta\varepsilon_2}{\Delta\varepsilon_1} \tag{4-6}$$

式中　μ_{12} ——泊松比；

　　　$\Delta\varepsilon_1$ ——纵横向应变曲线中，纵向应变的增量；

　　　$\Delta\varepsilon_2$ ——与纵向应变增量相对应的横向应变的增量。

泊松比总是负值，为了简化，试验数据通常省略负号。

4.1.8　讨论

观察破坏模式对于复合材料试验是至关重要的，由于材料的复杂性导致了其破坏模式的多样性，如果同一组试样的破坏模式各不相同，则对这组试样的试验结果的统计与分析也就毫无意义了。因此，必须充分了解试验的原理并确定可接受的破坏模式。宏观上，正常的单向板的纵向（0°）拉伸破坏应以纤维断裂为主，伴以横向及纵向的基体开裂、分层等其他损伤，而横向（90°）拉伸破坏则相对比较简单，破坏为沿纤维方向的单一断面。这就要求试验记录不仅仅记录破坏载荷、应变等信息，还要注明破坏模式、位置等信息，ASTM D3039 中，规定了详细的试验失效模式及位置的编码，给出失效情况简明的描述方法。一旦发现异常的、不可接受的破坏模式，应立即舍弃此试样的结果。

观察破坏模式有助于分析试验结果的合理性及异常数据的产生根源。

4.2　压缩试验方法与测试技术

4.2.1　压缩试验原理

通过特殊设计的试验装置，对复合材料板材实现压缩加载，以获得材料的压缩性能。

4.2.2　常用压缩试验方法比较

复合材料压缩试验方法多年来一直是被国内外学者广泛关注的一个热点，也是最具有分歧的方法，至今已经提出许多压缩试验方法，这些方法各具特色。大体上，复合材料压缩试验方法可根据其加载形式分类，或者以试样的支持形式分类（见表 4-2）。

两种分类方法从不同的侧面来反映试验方法的特点，互为补充，二者组合起来，可以更为全面地描述复合材料压缩试验方法的特征。实际上，每个试验方法包含了加载形式、试样形状、试样特征及夹具形式等方面的特征（见图 4-3）。实际上，长标距的压缩试验方法较少采用，常用的复合材料压缩试验方法有三类：剪切加载、短标距（Ⅰ类），典型的代表为 ASTM D3410 及 GB/T 3856；端部或端部剪切混合加载（Ⅱ类），典型的代表为 ASTM D695、ASTM D6641、GB/T 5258 及其他改进的试验方法；基于夹层结构的压缩试验方法（Ⅲ类），典型的代表为 ASTM D5467，因试样加工复杂，试验装置及操作复杂以及成本高，试样制备及试验周期长等方面的原因，该方法较少采用。下面分别针对各类方法，给出简要叙述。

表 4-2 复合材料压缩试验方法分类

分类方式	加载形式	主要技术特点	代表标准
按照加载形式分类	剪切加载	通过加强片与试样间的剪切将外载荷传递到试样的工作部分	ASTM D3410、GB/T 3856 等
	端部加载	直接将压缩载荷施加于试样的端部，可采用复合材料平板或夹层结构试样	ASTM D695
	混合加载	侧向剪切加载同时也对试样的端面进行加载	各类型方法的改进
	其他类型	采用蜂窝夹层结构弯曲来实现复合材料板的压缩试验	ASTM D5467
按试样支持分	短标距无侧支	试样标距部分短，不会发生总体失稳	ASTM D3410、GB 3856
	长标距有侧支	试样标距段长，需特殊的防失稳装置	ASTM D695、GB 5258

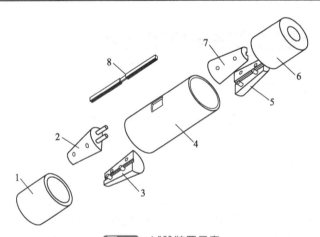

图 4-3 试验装置示意

1,6—内衬套；2,3,5,7—楔形块；4—外套筒；8—试样

4.2.2.1 ASTM D3410 及 GB/T 3856

此类方法是最典型的Ⅰ类方法，于 1975 年由 ASTM 提出了 3410 的最早版本，也是世界上最早的压缩试验方法之一，该试验夹具由 Celanese Research

Center 提出，因此被称为 Celanese 夹具。当时的标准采用一种宽度仅为 6mm 左右的窄条形短标距试样，通过对加强片的剪切加载实现复合材料的压缩试验，该方法采用一种带有导向柱及外套筒的试验夹具。我国也于 1982 年提出了 GB/T 3856 标准的最初版本，其形式基本上与 ASTM D3410 一致，主要差别是标距段比 ASTM D3410 略长，这类方法至今仍在使用。由于试样尺寸的限制，此类方法仅适用于 0°、90° 及 0°/90° 铺层情况，对于带有其他方向纤维铺层形式的试样，则无法使用此类方法。且采用此类方法对贴好加强片的试样的宽度及厚度尺寸要求极其严格，试样的装夹比较复杂，给试验操作带来很大的困难，受到很多批评。圆锥形面的配合方式，仅在试样尺寸严格符合夹具设计厚度时有效，当试样厚度大于夹具设计厚度时，面接触则会变为线接触，这样会使试验夹具的可靠性降低；同样，如果试样厚度小于夹具设计厚度，无法对试样表面加压。

　　ASTM D3410 从 1987 年后的版本增加了一个由 II TRI 提出的试验方法（见图 4-4），后被称为 II TRI 方法，该方法仍采用剪切加载的短标距试样，但试样的宽度最大可以达到 25mm，增加了该方法的适用性。更主要的是 II TRI 夹具去掉了 Celanese 型夹具的外套筒，且采用平面的配合取代了 Celanese 夹具的圆锥面配合，试样尺寸上的要求明显比 Celanese 型要宽松。大大方便了使用，对此方法的唯一批评就在于原型的 II TRI 夹具的尺寸和重量都很大，装卸不便。目前已有许多改进的方法，以减轻夹具的重量。

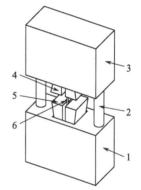

图 4-4　II TRI 夹具示意
1，3—衬套；2—导向柱；
4，5—楔形块；6—试样

　　目前版本的 ASTM D3410 改变了多种试验装置并用的策略，弃用了 Celanese 型夹具，仅保留了 II TRI 夹具。

4.2.2.2　ASTM D695 及其改进的方法

　　ASTM D695 是针对塑料平板压缩试验而提出的试验方法，后被用于复合材料试验，该方法采用一个哑铃形的长标距试样，两侧带有防失稳的侧支板，通过端面直接施加压缩载荷，此方法属于典型的 II 类方法（见图 4-5）。

　　由于此方法采用端面加载，端部加载的应力主要集中在试样的端部，这就大大减小了加载对试样标距区应力分布的影响。但是由于侧向支持的引入，又在标距区内带来了一个附加的应力场，更为严重的是，经常会因端部载荷引起端面压塌等不正常的破坏模式。此方法更适用于树脂基体等低强度材料的压缩性能试验。多推荐此方法用作工艺过程与质量控制，而不用于材料设计参数试验。

　　针对上述方法最直接的改进就是引入了粘贴加强片的直边试样，试验装置仍采用原标准方案或类似方案。典型的代表是波音公司标准 BSS 7260 以及美国先进材料供应商协会标准 SRM 1—94（参见 Boeing Specification Support Standard BSS 7260，Advanced Composite Compression Tests，The Boeing Company，Seattle，WA， originally issued February 1982，Revised December 1988 和 SACMA Recommended Method SRM 1-94，Compressive Properties of Oriented Fiber-Resin Composites，Suppliers of Advanced Composite Materials Association，Arlington，VA，Originally Issued April 1989，Revised 1994）。改进方案还体现在试验夹具采用 L 形支座，在试验夹具上提供了两个相互垂直的平面，作为试样装夹及定位的基准，只需将试样的一个面及一个端面与 L 形支座贴合，拧紧锁紧螺栓，即可完成试样装夹与定位。改进了试样装夹与定位靠目视的传统方法，大大简化了试样装夹与试样垂直位置调整的操作方法。

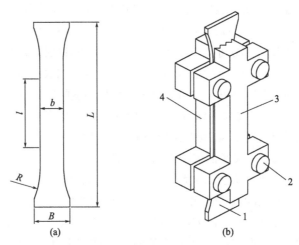

（a）　　　　　　　　　　（b）

图 4-5　端面加载压缩试验方法试样与装置示意（ASTM D695）
1—试样；2—锁紧螺栓；3,4—侧支板

　　加强片的引用，给端部加载方法带来新的问题。一方面，加强片对试样端部加载区具有强化作用，另一方面，由试验夹具传递到加强片的载荷，有一部分通过摩擦力形成对试样的压缩加载，又通过加强片与试样粘接层的剪切载荷，传递至试样表面。所以本质上讲，改进后的方法实质上是一种混合加载的模式，而拧紧力矩的大小，是决定端部压缩载荷与剪切载荷分配比例的主要因素，应根据试验的具体情况，确定合理的拧紧力矩的大小。

　　加强片的厚度及材料种类，也对载荷分配比例有着显著的影响。针对特定的试验材料，如果加强片相对于试样的厚度过厚，则加强片上分配的载荷过大，可能直接导致加强片端部损伤或者胶层脱胶；厚度太薄的加强片，相对于试样的刚度不足，会导致试样端部仍然承受过大的端部载荷，仍会发生端部压塌的失效模式。因此，需要通过一系列的试验，来确定合理的加强片的厚度。

　　另外一种改进方案就是采用 RAE 提出的厚度减薄试样（见图 4-6），这种试样由于中部的厚度减薄，可以避免因载荷过大引起的端部压塌破坏，但是，这种试样的加工精度要求非常高，微小的厚度方向的不对称，会导致失稳破坏。随着加工技术的日益提高，这种依赖加工技术的试样会被越来越多地被人们接受。值得一提的是，这样的试样方案，同样适用于剪切加载情况。

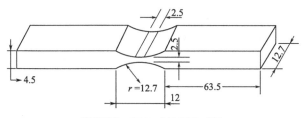

图 4-6　厚度减薄压缩试样

　　早期的混合加载方法的引入，主要是为了解决端部加载问题。这些方法在不同团体范围内被采用，没有被大型国际化的机构标准化，ASTM D6641 是采用混合加载的第一个国际化标准。试验夹具示意图及实物照片见图 4-7。

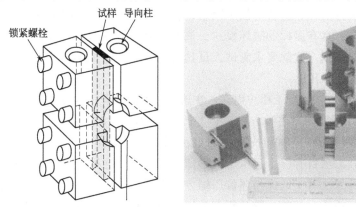

图 4-7　采用混合加载方式的压缩试验夹具（ASTM D6641）

　　该试验夹具上、下加载块的左右两部分，通过锁紧螺栓，实现试样的装夹，上、下两部分通过导向柱保持试样压缩变形始终沿轴方向。夹具加载块的夹持面具有粗糙表面，可以有效夹持试样。剪切载荷通过加载块夹持传递到试样表面。拧紧力矩的大小，直接影响剪切载荷与端部载荷的比例，需要在试验中严格控制。

　　与标准的剪切加载试验方法相比，ASTM D 6641 试验方法作用在试样表面的夹紧力要小得多，由此导致的应力集中比剪切加载方式低。实际上，本试验方法夹持面只是粗糙面，夹持力相对较小，不会伤及试样表面，ASTM D 6641 采用不贴加强片的试样，这种试样适用的铺层范围很广，包括横向、正交铺层、角铺层、准各向同性等，本标准不适用于纤维复合材料 0°压缩试验，但研究结果表明，采用粘贴加强片的 0°压缩试样，本标准也可以完成纤维复合材料 0°压缩试验。只是这时的试验方法依赖夹持及加强片提供的剪切载荷的比例更高，且侧向夹持载荷引起的应力集中会有所增加，消除了 ASTM D6641 原试验方法带来的优势。

4.2.2.3　利用蜂窝夹层结构的试验方法

此类方法采用复合材料面板的夹层结构试样，利用夹层结构四点（或三点）弯曲，实现对其面板复合材料的压缩试验，较常用的是夹层结构四点弯曲方法（见图 4-8），通过适当的设计，使破坏发生在压缩受载表面，从而获得面板材料的压缩强度及模量。ASTM D5467 是采用夹层结构弯曲的压缩试验方法。

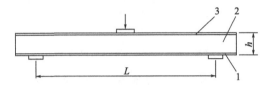

图 4-8　基于夹层梁弯曲的压缩试验方法示意
1—外表面；2—芯子材料；3—被测表面

由于此类试验方法试样制备与加工困难、材料价格昂贵。从试验技术方面来讲，试验技术复杂，具有多样的破坏模式。该方法的具体破坏形式是决定试验结果是否合理的重要依据，这就要求测试人员具备相应的专业技术知识。上述各点限制了该方法的普遍采用。

面对如此众多的方法，对于用户而言，在选择时就面临着不同方法比较及评价的问题，目前，有许多文献对各种方法给出试验结果的对比，本文给出了几种常见的典型压缩试验方法材料加工、试验技术以及试验结果方面的综合评价（见表 4-3）。

由于表中所列出项目有限，且由于种种原因的影响，这种评价可能带有一定的片面性，但这种方法对于选择与评价压缩方法较为有效，在一定程度上具有参考价值。如果对每项给出量化分数及相应的加权数，则可最终给出各方法的量化排序。本文仅给出定性评价，故名次排列一栏未列出。此方法对于综合选取适当的压缩试验方法是非常有效的。

表 4-3　典型压缩试验方法综合评价表

方法及夹具	材料与工艺				试验技术			试验结果			
	材料	工艺	加工	成本	设备	夹具	试验技术	强度结果	模量结果	重复性	适应性
GB 3856	A	A	A	A	A	B	B	A	A	B	C
ⅡRTI	A	A	A	B	A	A	A	A	A	A	B
D695	A	A	B	B	A	B	B	B	D	B	B
D6641	A	A	A	A	A	A	A	A	B	A	B
D5467	C	B	C	C	A	C	C	A	A	B	C
GB 5258	A	A	B	B	A	C	C	B	C	B	C

注：A 表示优秀；B 表示较好；C 表示一般；D 表示差。

4.2.3　试样准备

试样的准备工作主要包括切割、加强片粘贴及固化、应变片粘贴及固化、状态调节等。

试样准备应遵循一定的程序，以确保试样状态的一致性。对于复合材料压缩而言，试样的准备环节尤为重要。因为对于多数压缩试样，标距段的尺寸段都比较小，试样的加工状态对试验结果具有显著影响。加强片的粘贴质量，也是试样准备的重要环节。粘贴加强片时应先对粘贴表面进行打磨，去除试样表面层，但不允许打磨过深，以造成对纤维的严重损伤。加强片材料应根据试样的铺层情况确定，对于 0°试样可采用钢片，90°试样可采用铝制加强片，也可全部采用玻璃布复合材料加强片。为了确保试样装夹，粘贴加强片不应宽于试样的宽度，也不允许粘贴偏斜、错位等。对于试样边缘的余胶，应清除干净，清除时，应注意不伤及试样，90°试样非常脆弱，操作时更应注意。

如果采用玻璃纤维复合材料作为加强片材料，通常比较普遍采用的方法是在试验板材的表面相应的位置，预先粘贴加强片材料，然后再切成单个试样。这样可以借助定位工装，实现加强片材料的准确定位。如果采用金属材料作为加强片材料，这种方法不适用。这时，只能先切割成单独的每个试样，然后再粘贴加强片。这样需要在粘贴加强片时小心操作，以确保试样加强片与试样的边缘对齐，并注意试样标距段不要有过多的胶瘤存在。

试样切割时，应注意加载端面的表面加工质量及其与相应垂直表面的垂直度公差要求。

应变片粘贴时应注意定好位置，可在试样表面轻轻划线，但不宜过深，以免伤及纤维。

加强片和应变片粘贴的粘接固化温度应注意不影响材料本身的性能。

4.2.4　试验过程

(1) 状态调节　标准状态调节方法：除非另有规定，试验前应在标准试验环境下放置不少于 24h 进行状态调节，GB/T 1446—2005 规定的标准试验环境温度 23℃±2℃；相对湿度 50%±10%。

(2) 试验步骤

① 将合格的试样编号并测量工作段内任意三处的宽度和厚度，取算术平均值，试样测量精度要求按 GB/T 1446 规定。

② 将试样装在压缩夹具里，注意试样的位置及对正，装好后，在压缩夹具上、下楔块中间放置预载垫，使两楔块之间的距离保持为 14 mm。放在试验机的压板上，对准中心，施加预载，以消除机构间隙，确保夹持紧密。然后卸下预载垫。再对试样

施加预载约至破坏载荷的 5%，检查和调整试样及仪表，使其处于正常工作状态。

③ 以 1mm/min～2mm/min 的加载速度均匀、连续施加载荷，直到试样最终破坏，连续记录载荷值及应变值，并记录试样破坏形式。

④ 如果采用分级加载，级差为 5%～10% 的破坏载荷（测定压缩弹性模量和泊松比时，至少 5 级），记录各级载荷和试样两侧相应的应变值。

⑤ 加强片脱落、端头挤压破坏以及破坏仅发生在加强片内的试样应予作废。当同批有效试验数据不足 5 个或仲裁试验不足 10 个时，应重做试验。

⑥ 应注意，采用应变形测量应变时，应变片的丝栅长度应不大于 3mm，宽度以 1mm 为宜。

4.2.5　数据处理

压缩强度按式（4-7）计算：

$$\sigma_c = \frac{P_b}{bh} \tag{4-7}$$

式中　σ_c——压缩强度，MPa；

　　　P_b——试样破坏时的最大载荷，N；

　　　b——试样宽度，mm；

　　　h——试样厚度，mm。

压缩模量按式（4-8）计算：

$$E_c = \frac{\Delta P}{bh \Delta \varepsilon} \tag{4-8}$$

式中　E_c——拉伸模量，GPa；

　　　ΔP——载荷-应变曲线上初始线性段内的载荷增量，kN；

　　　$\Delta \varepsilon$——载荷-应变曲线上与 ΔP 相对应的应变增量，mm/mm；

　　　b——试样宽度，mm；

　　　h——试样厚度，mm。

4.2.6　结果分析

对破坏后的结果进行分析，已确定结果的可靠性。首先观察试样的破坏性是否有异常的破坏形式，如发现异常破坏形式，应找出原因并对结果进行相应的处理。

4.3　面内剪切试验

4.3.1　剪切试验方法概述

复合材料层合板面内剪切特性是一项重要的性能指标，多年来一直是人们所最为关注的课题。至今为止，已经出现了许多种试验方法，如：壁薄筒扭转、±45°纵横剪切、10°偏轴拉伸法、轨道剪切、方平板对角拉伸方法、十字梁弯曲法、平板扭转法等。下面将简述各试验方法的基本情况及适用性，并给出对各方法的量化评价。

(1) 薄壁筒扭转法　该方法是人们所公认的最理想的剪切试验方法，这种方法可以产生均匀的纯剪应力状态，理论及试验研究均以它作为比较的基准。试验时，筒的两端施加扭矩，试样处于剪应力作用的状态，且剪应力沿圆周分布很均匀，筒壁很薄，可以忽略沿厚度方向的应力梯度，因而可获得理想的剪切性能。但从试样成型、加工以及试验装置、操作等方面考虑，都需要比较复杂的装置与技术，而且，对于复合材料，由于圆筒及平板成型工艺不同而造成的性能差异是不可忽略的，因而限制了该方法的实用价值。

(2) 轨道剪切法　此方法是 ASTM D4255 推荐的方法，作为一种简单的复合材料层合板的试验方法，被广泛地用于航空复合材料面内剪切性能试验，根据试验装置的不同，又可分为双轨道剪切法和三轨道剪切法。此类方法可以较好地用于复合材料层合板剪切模量试验，而在用于强度试验时，在很多场合下，由于非剪切因素造成的试样破坏使得试验失败。J. M. Whitney 等在分析此试验方法时认为：边缘效应的程度以及试样沿宽度方向上的应力分布均匀性依赖于试样标距段内的长宽比（L/W）以及材料弹性常数关系（G_{xy}/E_y）的比值，许多研究结果表明，当 $L/W \geqslant 10$ 时，边缘效应可以忽略不计，可以获得均匀的剪切应力状态。当层板的等效泊松比满足关系 $\nu_{xy} = \nu_{yx} \approx -1$ 时，边缘效应无法克服，应力分布变得很不规则，这就使得此类铺层的层板试验结果不可靠。由轨道剪切试验方法测出的弹性模量对于 L/W 值不敏感，这是因为测量是在试样中心区域内进行的，中心区域内的应力分布是比较均匀的。在具体实施时，通过导轨在试样上施加剪切应力场，但常常伴有很大的取决于导轨刚度的正应力场，而且试样尺寸很大，加工困难，也给试验本身带来了困难。

(3) 基于±45°层合板拉伸的纵横剪切方法　该方法通过对±45°交叉铺层的试样拉伸加载，并根据拉伸试验结果导出单向复合材料的面内剪切强度及模量。方法简便易行，便于推广应用。与薄壁筒扭转结果相比，具有很好的一致性，ASTM 已将其作为标准试验方法而加以采用（ASTM D3518），我国也将其列为国家标准（GB 3355）。该方法适用于测定单向复合材料板的面内剪切性能。

(4) 偏轴（10°）拉伸方法　偏轴拉伸用于复合材料的剪切性能测试，此类方法仅适用于单向复合材料剪切性能的测定。偏轴角度也可以取其他值，最优的角度是相对剪应变 $\gamma_{12}/\varepsilon_{11}$ 达到极大值时的角度，此时剪应力达到其临界值。这个角度依赖于弹性各向异性程度及被测材料的强度特性。对于先进复合材料来说

最优的角度一般是 $10°\sim15°$ 时。因此,$10°$ 偏轴角比较常用。由于应力对于偏轴角度的变化十分敏感,采用此方法试样切取方向、加载方向及应变片粘贴方向的要求会比较严格。同时,为了应力状态的均匀性,采用狭长的条状试样,其长细比 L/W 一般在 $14\sim16$ 之间。许多研究结果表明,此方法与 $\pm45°$ 方法相比,剪切模量偏高,而剪切强度及剪切破坏应变偏低。

(5) 方平板对角拉伸及方板扭转 通过四角点加载的方平板扭转试验可以用来测定复合材料的剪切模量,此类方法是通过复杂的试验装置来实现的复合材料剪切试验方法。且本方法仅适用于小挠度的情况,只有当试样挠度值与板厚度之比 $W_P/t<0.5$ 时,试验结果才是可靠的。在计算剪切模量时应注意选取在初始线性范围内。由于此方法的试样尺寸大、消耗材料多、试验装置及操作复杂,较少被采用。

(6) 采用双 V 形槽试样的剪切方法 此类方法已引起人们的广泛重视,此类方法最先由 Iosipescu 提出用于金属圆棒材料的剪切试验,M. Arcan、J. M. Sleptetz、D. E. Walrath 和 D. F. Adams 分别根据此类方法的原理,将其用于复合材料剪切试验,形成了几种不同形式的试验方法(即所谓的 Arcan 圆盘剪切、反对称四点弯曲 AFPB 法及 Iosipescu 法)。成功地用于单向、多向铺层及编织增强的复合材料,且与薄壁筒扭转相比,具有很好的精度。该方法是一种很有前途的试验方法,ASTM 于 1993 年首次将其列为标准试验方法(ASTM D5379—93,后又有新的版本)。

4.3.2 几种常见剪切试验方法

4.3.2.1 基于 $\pm45°$ 层合板拉伸的纵横剪切试验方法

此方法被广泛用于测定单向复合材料平板面内剪切性能,被我国国标 GB/T 3355 所采用,可以测定剪切强度、模量以及部分剪切应力-应变曲线。

(1) 试样 该方法采用条形试样,按照 GB/T 3355 规定为 $250mm\times25mm$,厚度可在 8 层~24 层范围内选取。试样可不贴加强片。

(2) 试验过程 试验采用单向拉伸加载,试样可不粘贴加强片,装夹试样时应注意对正,要求试样的中心线与试验机的加载中心线重合。

预加载应保证不对试样造成不可恢复的变形与损伤,一般应略低于单向试样的预载。

模量试验需要测量纵向和横向变型,变形测量可以采用引伸计或者是双向应变片,一般推荐采用引伸计。引伸计装夹松紧应适当,以确保正常工作。

选取适当的加载速度,GB/T 3355 标准中规定 $1mm/min\sim6mm/min$,并按照选定速度进行试验,连续记录载荷及纵横向变形。

(3) 试验结果计算 纵横剪切强度按式（4-9）计算：

$$\tau_{LT} = \frac{P_b}{2bh} \tag{4-9}$$

式中　τ_{LT} ——纵横剪切强度，MPa；

　　　P_b ——试样破坏时的最大载荷，N；

　　　b ——试样宽度，mm；

　　　h ——试样厚度，mm。

纵横剪切模量按式（4-10）计算：

$$G_{LT} = \frac{\Delta P}{2bh(\Delta\varepsilon_x - \Delta\varepsilon_y)} \tag{4-10}$$

式中　G_{LT} ——纵横剪切模量，GPa；

　　　ΔP ——载荷-应变曲线直线段上选取的载荷增量，kN；

　　　$\Delta\varepsilon_x$ ——载荷-应变曲线上与 ΔP 相对应的纵向应变增量，mm/mm；

　　　$\Delta\varepsilon_y$ ——载荷-应变曲线上与 ΔP 相对应的横向应变增量，mm/mm；

　　　b ——试样宽度，mm；

　　　h ——试样厚度，mm。

(4) 结果讨论 非剪切破坏模式以及破坏发生在夹持段内的试验数据无效。

剪切应力-应变曲线的线性段很短，为了计算方便，ASTM 建议剪切模量计算选取在 $1000\sim3000\mu\varepsilon$ 范围内计算。

剪切试验的破坏应变比较大，ASTM 标准中普遍采用当剪切破坏应变超过 $50000\mu\varepsilon$ 时，取 $50000\mu\varepsilon$ 作为剪切破坏应变，相对应的剪切应力，则作为剪切强度，目前在国标中未做规定。

不考虑大应变影响因素，从剪切强度计算公式可以看出，剪切强度是 $\pm45°$ 层合板拉伸强度的一半。

将剪切模量计算公式稍加变形可得：

$$G_{LT} = \frac{\Delta P}{bh\Delta\varepsilon_x} \times \frac{1}{2(1 - \Delta\varepsilon_y/\Delta\varepsilon_x)} \tag{4-11}$$

从上式可以看出，纵横剪切模量计算公式前面部分为试样 $\pm45°$ 层合板拉伸弹性模量，第二部分则是与试样 $\pm45°$ 层合板泊松比相关的表达式。

4.3.2.2 双开槽剪切试验方法

相关标准：HB 7237—1995 复合材料层合板面内剪切试验方法；ASTM D5379—2012 Standard Test Methods for Shear Properties of Composite Materials by the V-Notched Beam Method。

(1) 原理与装置 试验的原理与试验装置示意如图 4-9 所示。

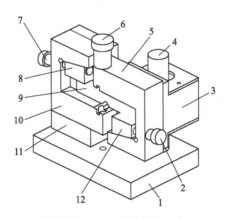

图 4-9 剪切试验装置示意

1—底座；2,7—锁紧螺钉；3—导向轴外衬套；4—导向轴；5,10—试样装夹槽；
6—加载柱；8,12—限位调整块；9—试样；11—L 形支座

试验装置主要由固定支座、可动支座、底座、导向柱以及锁紧螺钉组成。试样放置于固定及可动支座的槽内，旋紧锁紧螺钉使试样装紧，恒速移动可动支座，在试样的工作区内形成剪切加载。

(2) 试样及试样准备 图 4-10 给出了双开槽剪切试样形状的示意图，试样的长度为 76mm，宽度为 20mm，开槽深度约为试样宽度的 50%。槽的根部圆弧半径约为 1.4mm，详细的尺寸及形位公差要求可参见 HB 7237。

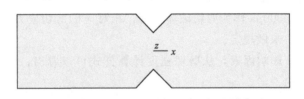

图 4-10 双开槽剪切试样形状示意

0°或 0°/90°正交铺层的试样可不粘贴加强片，对于其他含有 ±45°铺层的情况，建议在试样的两侧贴加强片，加强片可用铝材料制作，由于试验采用边缘加载形式，加强片应避免过宽、偏斜等，为确保加载边的形位公差要求，应在加强片粘贴完成后，磨去多余部分。

为了测量剪切模量，应在试样的中心区域粘贴剪切型应变片，该片由 ±45°两部分丝栅组成。

同样粘贴加强片和应变片的固化工艺应不影响试样材料的本身性能。

(3) 试验过程

① 装夹试样时应注意对正，试样的开槽中心线与夹具的中心线对齐，并与试验机的加载中心线重合。

② 预加载应保证不对试样造成不可恢复的变形与损伤。

③ 选取 2mm/min 左右的加载速度并按照选定速度进行试验，连续记录载荷及应变。

(4) 试验结果计算　剪切强度按式（4-12）计算：

$$\tau = \frac{P_b}{Wh} \tag{4-12}$$

式中　τ——剪切强度，MPa；

　　P_b——试样破坏时的最大载荷，N；

　　W——试样双开 V 形槽根部间的距离，mm；

　　h——试样厚度，mm。

剪切模量按式（4-13）计算：

$$G = \frac{\Delta P}{bh(\Delta \varepsilon_{45} - \Delta \varepsilon_{-45})} \tag{4-13}$$

式中　G——剪切模量，GPa；

　　ΔP——载荷-应变曲线上初始线性段内的载荷增量，kN；

　　$\Delta \varepsilon_{45}$——沿 45° 方向应变增量，mm/mm；

　　$\Delta \varepsilon_{-45}$——沿 $-45°$ 方向应变增量，mm/mm；

　　b——试样宽度，mm；

　　h——试样厚度，mm。

(5) 结果分析与讨论　双 V 形槽试样的剪切方法，可应用于单向及多向复合材料层合板的剪切试验。图 4-11 给出了测定单向复合材料剪切性能的典型试验曲线，其中 0° 试验的曲线在破坏之前，有一个小的载荷峰值，有的试验是两个相邻的小峰，这对应的是沿开槽根部沿水平方向的开裂，此开裂不在试样工作区域，继续加载才导致最终的工作区域的剪切破坏。普遍认为，初始破坏是由开槽根部应力集中引起的，$[0/90]_{4s}$ 铺层就不会出现初始破坏峰值，这是因为 $[0/90]_{4s}$ 铺层的槽根部的应力集中不明显。从剪切强度的试验结果来看，采用 $[0]_{ns}$ 铺层的试样，其得到的强度明显高于纵横剪切试验的结果，与 $[0/90]_{4s}$ 铺层结果相比，也明显偏高（见表 4-4）。虽不能排除批次差异的影响，也能从某种程度上体现出方法差异的存在。分析 $[0]_{ns}$ 铺层强度偏高的主要原因在于剪切应变及变形太大，导致纤维方向在变形后发生改变，承受拉伸载荷，而模量偏高的原因是槽根部应变集中。无论从强度还是模量的结果来看，$[0/90]_{4s}$ 铺层都是比较好的选择。

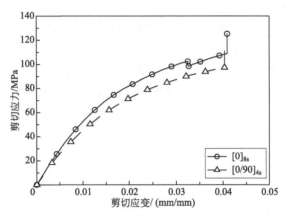

图 4-11 复合材料剪切试验曲线（T300/5222）

表 4-4 双 V 形开槽剪切试验结果与纵横剪切对比 （T300/5222）

项目	双 V 形槽剪切方法				纵横剪切方法	
	$[0]_{8s}$		$[0/90]_{4s}$		$[\pm 45]_{4s}$	
	强度/MPa	模量/GPa	强度/MPa	模量/GPa	强度/MPa	模量/GPa
平均值	124	5.47	114	5.07	91.9	4.97
标准差	4.55	0.24	2.69	0.08		

当剪切应变过大时，无论是试验测量，还是从基本的力学原理来考虑，处理起来都存在一定的困难，由于变形的影响，使试验结果的可靠程度大大降低，在 ASTM D5379 中已明确提出了应以特定变形点处的剪切应力定义为剪切强度。

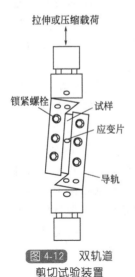

图 4-12 双轨道剪切试验装置

应该说这种定义的方法是可行的，同时也具有实际意义，因为在实际结构中，为了确保结构的完整性，不可能允许太大的变形。

4.3.2.3 轨道剪切试验方法

相关标准：ASTM D4255M—2001 （2007） Standard Test Methods for In-Plane Shear Properties of Polymer Matrix Composite Materials by the Rail Shear Method。

（1）试验原理 本方法通过专用的试验装置，对复合材料层合板施加面内剪切载荷，记录在剪切载荷作用下，试样工作区域的剪应变与载荷之间的关系曲线，从而获得材料的剪切试验结果，本方法常用的有双轨道剪切试验方法（见图 4-12）和三轨道剪切试验方法（见图 4-13），适用的材料铺层为包含多种铺层角度的一般层合板试样，但一般不适用于单向板情况，当±45°铺层比例过高（一般认为大于80%）时，该方法不适用。

作为面内剪切试验方法，双轨道及三轨道剪切试验方法都被 ASTM D4255 标准采纳。两种方法各自有其优点，也各自具有不足之处。两个方法的共同不足之处在于试样形状复杂，位置公差要求高，且试样尺寸较大。试验过程中存在试样装夹复杂、要求高、试验载荷大、对夹具及螺栓的要求高等问题。轨道剪切方法具有悠久的历史，最早在 20 世纪 60 年代拉伸加载的双轨道剪切试验方法，就已经用于木材剪切试验。目前轨道剪切试验方法较少采用。然而该方法适用于一般层合板剪切试验，尤其是双轨道剪切试验方法具有简便易行、适用性广泛的特点，具有很好的发展潜力。

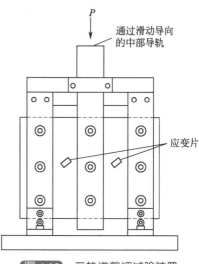

图 4-13　三轨道剪切试验装置

与三轨道方法相比，双轨道方法简便易行，较多采用。但加载方向有7°左右的偏轴角度。

（2）试样准备　双轨道剪切试样为 76mm×152mm 的矩形（见图 4-14），试样两侧分布两排共计 6 个孔，孔的位置在轨道夹持区域内，轨道相应位置上也有相同数量的孔。6 个螺栓用来锁紧导轨与试样。

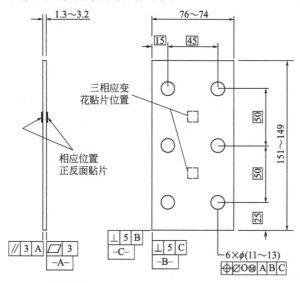

图 4-14　双轨道剪切试样（单位：mm）

　　三轨道剪切试样为 136mm×152mm 的矩形（见图 4-15），试样上分布三排共计 9 个孔，孔的位置在轨道夹持区域内，轨道相应位置上也有相同数量的孔。9 个螺栓用来锁紧导轨与试样。

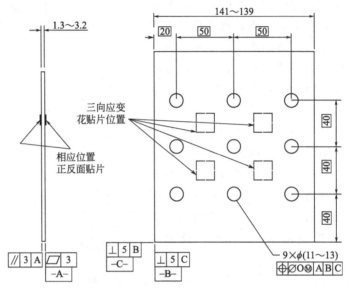

图 4-15　三轨道剪切试样（单位：mm）

　　剪切载荷通过轨道与试样之间的摩擦，传递到试样表面，同时螺栓与试样上孔的配合，会有部分载荷传递到试样孔边，在孔边形成应力集中。从加工工艺方面考虑，孔与螺栓以及轨道上相应位置的孔存在配合关系，且各孔之间位置配合要求高，因此，孔的尺寸及位置加工精度要求很高，且孔加工容易在孔边形成缺陷。

　　对于剪应力很高的复合材料层合板，为了避免试样与导轨之间产生滑移，通常需要施加很大的螺栓锁紧力，其拧紧力矩达到 100 N·m，这对于直径 10mm 左右的螺栓是很高的拧紧力矩。

　　轨道剪切方法适用的层合板铺层范围广泛，如果用于单向复合材料的剪切性能试验，尽管理论上，$[0]_{ns}$、$[90]_{ns}$ 及 $[0/90]_{ns}$ 优先选择纤维方向垂直于轨道方向的试样，这类试样工作区边缘的正应力影响远小于纤维方向平行于轨道方向的试验。实际上，采用 $[0/90]_{ns}$ 试样是最好的试验方案。这与 V 形开槽剪切试验方法的情况相同。

（3）试验过程

　　① 如果需要测量剪切模量，则需要在试样工作区中部粘贴±45°双向应变片，为了排除加载过程中，试样弯曲的影响，可在试样中部正反两面各贴一组±45°双向应变片，也可以监测试验加载过程中，正反两面的应变差异，来评估

试样弯曲影响百分数；

② 试样状态调节按照 GB/T 1446 有关规定；

③ 测量试样工作区任意三点位置的厚度及宽度，测量精度按照 GB/T 1446 有关规定；

④ 将被测试样装夹于导轨之间，调整各螺栓与孔之间配合，使试样的各孔与螺栓间配合状态一致；

⑤ 用扭力扳手均匀拧紧各螺栓，拧紧力矩按相应标准有关规定（ASTM D4255）；

⑥ 将装好试样的夹具装夹在试验机上，注意加载方向与试验设备加载轴线重合；

⑦ 将试验设备设定恒定的加载速率（2mm/min）；

⑧ 开启设备，连续加载至试样破坏，记录载荷-应变（或横梁位移）曲线以及试验过程中发生的现象；

⑨ 分级加载的级数不少于 5 级；

⑩ 非正常的失效模式试样无效，同批有效试样数量不足 5 个时，应另取试样补充。

(4) 结果处理

① 双轨道剪切结果计算。剪切强度按式（4-14）计算：

$$\tau = \frac{P_b}{Wh} \tag{4-14}$$

式中　τ ——剪切强度，MPa；

　　P_b ——试样破坏时的最大载荷，N；

　　W ——试样双开 V 形槽根部间的距离，mm；

　　h ——试样厚度，mm。

剪切模量按式（4-15）计算：

$$G = \frac{\Delta P}{bh(\Delta \varepsilon_{45} - \Delta \varepsilon_{-45})} \tag{4-15}$$

式中　G ——剪切模量，GPa；

　　ΔP ——载荷-应变曲线上初始线性段内的载荷增量，kN；

　　$\Delta \varepsilon_{45}$ ——沿 45°方向应变增量，mm/mm；

　　$\Delta \varepsilon_{-45}$ ——沿 −45°方向应变增量，mm/mm；

　　b ——试样宽度，mm；

　　h ——试样厚度，mm。

② 三轨道剪切结果计算。剪切强度按式（4-16）计算：

$$\tau = \frac{P_b}{2Wh} \tag{4-16}$$

式中　τ ——剪切强度，MPa；

　　　P_b ——试样破坏时的最大载荷，N；

　　　W ——试样双开 V 形槽根部间距离，mm；

　　　h ——试样厚度，mm。

剪切模量按式（4-17）计算：

$$G = \frac{\Delta P}{2bh(\Delta\varepsilon_{45} - \Delta\varepsilon_{-45})} \tag{4-17}$$

式中　G ——剪切模量，GPa；

　　　ΔP ——载荷-应变曲线上初始线性段内的载荷增量，kN；

　　　$\Delta\varepsilon_{45}$ ——沿 45°方向应变增量，mm/mm；

　　　$\Delta\varepsilon_{-45}$ ——沿 −45°方向应变增量，mm/mm；

　　　b ——试样宽度，mm；

　　　h ——试样厚度，mm。

(5) 讨论　试验过程中轨道与试样之间的滑移，会导致试样孔边应力集中，甚至会在孔边造成非正常破坏。为了保持轨道与试样之间的紧密接触，轨道夹持区域可加工成粗糙表面，有的夹具在夹持区加工成齿形网纹。另一方面，夹持力的增大，需要考虑试样表面保护问题，为此，有的研究者在试样夹持区粘贴加强片。

如果需要测量应变，可采用单片式或双片式应变片，应变片粘贴在试样测量区中部，为了监测试样在试验过程中发生弯曲或者屈曲，应在试样正反面相同位置上粘贴应变片。试样弯曲百分数的评价可参照 ASTM D4255 标准。

4.4　弯曲试验

弯曲试验是一种方便易行的优秀试验方法，广泛应用于复合材料工艺控制、质量检验，对于一种复合材料体系，弯曲性能已经成为必不可少的性能评价参数。但由于复合材料弯曲试验方法的载荷状态复杂，影响因素多，材料同时承受拉伸、压缩和剪切载荷，与通常的拉伸、压缩等相比，应力状态复杂，加载点附近的应力状态尤其复杂。可能发生的破坏形式多，且基于弯曲梁理论，不能够在计算中体现出剪切影响。由于上述种种原因，大大限制了复合材料弯曲试验方法的应用，许多试验方法标准中明确规定弯曲方法不用于设计参数试验，而仅限于质量控制等。然而，因为其方法简便易行，试样制备方便，无需加强片，试验装夹简便易行，试验过程以及试验结果分析都非常方便，至今该方法仍被广泛采用。应该指出，如果更好地处理试验数据，无疑会从弯曲试验中获得更有价值的结果。

4.4.1 原理与装置

本方法基于弯曲梁的理论，将复合材料弯曲试样，置于预设跨距的两个下支点上，向下移动上压头，与试样上表面接触，从而实现对试样的弯曲加载。从试验加载形式上来看，主要有三点弯曲和四点弯曲两类方法，其中三点弯曲是最为流行的一种弯曲试验方法。ASTM D790 及 GB 3356 均采用的是三点弯曲试验方法（见图 4-16）。ASTM D7264 包含了三点和四点弯曲方法。

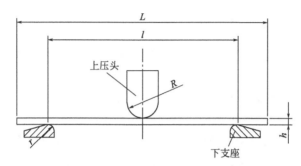

图 4-16 复合材料弯曲试验装置示意

R—上压头半径；r—下支座半径；L—试样长度；l—跨距；h—试样厚度

4.4.2 弯曲试验方法跨距选取

ASTM D790 最早于 1970 年由 ASTM 塑料委员会提出，适用于塑料、增强塑料以及电绝缘材料。早期的版本包含了三点弯曲和四点弯曲，直到 1996 年修订版本去除了四点弯曲方法，为了满足四点弯曲试验方法的需求，1998 年又出现了 ASTM D6272，专门的四点弯曲试验方法，适用的材料范围与 ASTM D790 相同。除了上述方法外，2002 年，由复合材料委员会提出了专门用于复合材料的方法 ASTM D7264 Standard Test Methods for Flexural Properties of Polymer Matrix Composite Materials，该标准中包含了三点弯曲和四点弯曲两种方法。

GB/T 3356—82 是我国最早的国标版本，后又出现了 1999 年版。

跨距 l 按跨厚比 l/h 计算。小跨厚比的剪切影响因素占主导地位，只有跨厚比大到一定程度时弯曲的因素才是主要的。跨厚比选择应以三点弯曲试样纵向拉压破坏和层间剪切破坏同时发生的临界跨厚比 $l/h = \sigma/2\tau_b$ 为依据，由此确保试样弯曲破坏首先发生在最外层纤维层来确定。一般标准中推荐的常用跨厚比为 16/1、20/1、32/1 和 40/1，对于高度各向异性的碳纤维复合材料，推荐的跨厚比为 $l/h = 32 \pm 1$，对玻璃纤维及芳纶纤维增强复合材料，推荐的跨厚比为 $l/h = 16 \pm 1$。1982 年版的国标 GB/T 3356—82 中允许调整跨距至 40/1，而在 2005 版中取消了这个规定，仅允许采用 32/1。ASTM D790 采用 32/1 跨厚比，但要求最终失效模式为外表面拉伸破坏，允许为此调整跨距，ASTM D7264 采用可选择的一系列的跨厚比包括：16/1、20/1、32/1 和 40/1，此外，还可以采用 60/1 的跨厚比，但要在报告中明确标注出来。

　　另外还有一个弯曲试验方法国家标准——GB/T 1449—2005 纤维增强塑料弯曲性能试验方法。该方法早期版本的标准为玻璃纤维增强塑料弯曲性能试验方法，经修订后变更至现在的状态。

4.4.3　试样及试样准备

　　试样为简单的等截面矩形，试样长度应根据跨厚比 l/h 确定，在跨距段长度的基础上，再加上试样外伸端的长度，一般增加 15mm～20mm。按 GB/T 3356 的规定，对于厚度为 2.0mm 的试样，其长度应为 80mm。

　　按照 GB/T 3356—1999 规定，试样厚度为 2.0mm。

　　加载上压头和下支座半径的选取，可参照相应的标准（见表 4-5）。

表 4-5　弯曲强度试验压头及支座对照表

项　　目	GB 3356	ASTM D790	ASTM D7264
压头半径	5mm±0.1mm	5mm±0.1mm	3mm±0.1mm
支座半径	当 $h \leqslant 3mm$ 时，$r=0.5mm\pm0.2mm$； 当 $h>3mm$ 时，$r=2mm\pm0.2mm$	5mm±0.1mm	3mm±0.1mm

　　弯曲试验加载速度可按式（4-18）确定：

$$v = \frac{l}{6h}Z \tag{4-18}$$

式中　l——跨距；

　　　h——试样厚度；

　　　Z——跨距中点处试样外层纤维的应变速度，取 1%/min。

　　也可以采用简化算法。当 $l/h=16$ 时，$v=h/2$；当 $l/h=32$ 时，$v=2h$。

　　通常也可取加载速度 $v=5mm/min$～$10mm/min$，需要测量弯曲弹性模量及载荷-挠度曲线时，取 $v=1mm/min$～$2mm/min$。

4.4.4　试验过程

　　按 GB/T 1446—83 中 2.1 规定检查试样外观。

　　按 GB/T 1446—83 中 3.2 规定对试样进行状态调节。

　　将试样编号、划线并测量试样中点的宽度和厚度，测量精度按 GB/T 1446—83 第 6 章规定。

调节跨距，准确到 0.5mm 至预设值。加载压头的轴线位于支座中间，且与支座相平行。

将试样置于两支座中心位置上，并使试样长度方向与支座和加载压头相垂直。

开始正式试验前，应先预加载至少一次，预加载的载荷一般应不超过破坏载荷的 50%。

将测量挠度的位移传感器置于跨距中点处，与试样下表面相接触，施加初载（约为破坏载荷的 5%），检查和调整挠度测量装置，使系统处于正常状态。

测定弯曲强度时，连续加载至试样失效，记录最大载荷值及试样失效形式和位置。

测定挠度时，连续加载，用自动记录装置记录载荷-挠度曲线。也可采用分级加载，级差为破坏载荷的 5%～10%，至少五级并记录载荷与相应的挠度值。

不在跨距中间 1/3 内呈弯曲破坏的试样，应予作废。同批有效试样不足 5 个时，应重做试验。

4.4.5 结果计算

弯曲强度计算公式：

$$\sigma_f = \frac{3P_b l}{2bh^2} \tag{4-19}$$

式中 σ_f ——弯曲强度，MPa；

       P_b ——试验破坏时的最大载荷，N；

       l ——跨距，mm；

       b ——试样宽度，mm；

       h ——试样厚度，mm。

弯曲弹性模量计算公式：

$$E_f = \frac{\Delta P l^3}{4bh^3 \Delta f} \tag{4-20}$$

式中 E_f ——弯曲弹性模量，MPa；

       ΔP ——对应于载荷-挠度曲线上初始直线段的载荷增量，N；

       Δf ——对应于 ΔP 的试样跨距中点处的挠度增量，mm；

       l ——跨距，mm；

       b ——试样宽度，mm；

       h ——试样厚度，mm。

4.4.6 分析与讨论

弯曲强度与其破坏模式密切相关，脱离了破坏模式而谈弯曲强度没有实际意义，在弯曲试验中，可能出现的破坏模式包括：加载点局部损坏、外表面拉伸破坏、内表面纵向压缩破坏、弯曲折断、脆断及几种不同模式的组合，如选取的跨距不合理，还有可能出现横向剪切破坏。一般复合材料弯曲试验方法设计时，往往以获得外表层的纤维拉伸破坏为目标。ASTM D790 中明确规定："本方法不适用于破坏不发生在外层纤维的材料。"这一严格的规定旨在确保试验数据的一致性。在跨距足够大的情况下，发生拉伸或压缩失效的可能性增大，然而，考虑复合材料自身的特点，拉伸强度比压缩强度高，许多复合在弯曲试验中，破坏由纤维的微屈曲引起，总是发生在跨距中部受压内表面压缩破坏。加之加载点附近接触引起的应力集中，也有很多弯曲试验破坏起始于加载点局部，属于纵向压缩与横向剪切局部应力集中引起的混合破坏模式，往往难以评价材料的真实承载能力。

弯曲试验方法主要用于 0°复合材料，用于确定复合材料 0°弯曲性能，90°弯曲试验的失效会发生在受拉外表面，通常的失效模式是横向拉伸，因此，90°弯曲试验可以在很大程度上反映复合材料的横向拉伸性能。

4.5　层间剪切试验

层间剪切试验是衡量层合复合材料的层间特性的试验方法，从一个应用的角度反映了复合材料基体与增强体之间的界面强弱，本章介绍常用的两种试验方法，即短梁剪切法和开槽剪切法。

短梁剪切法采用小跨厚比的三点弯曲梁方法，根据材料力学理论，在弯曲载荷作用下，试样存在中性面，在中性面的弯曲应力为零，而剪切应力沿截面高度方向为抛物线分布，在上、下表面的剪切应力为零，而在中性面的剪切应力达到最大值。在弯曲和剪切载荷作用下，在中性面仍然处于纯剪切应力状态。

开槽剪切法对表面带有两个开槽的直条形试样施加拉伸或者压缩载荷，实现在两个开槽之间区域的剪切加载。

现有的试验方法仅仅能够近似地测出层间剪切强度，因而有些方法中又称为表观层间剪切强度。

4.5.1　短梁剪切法

相关标准：JCT 773—2010 纤维增强塑料：短梁法测定层间剪切强度；ASTM D2344-2013 Standard Test Methods for Short-Beam Strength of Polymer Matrix Composite Materials and Their Laminates。

短梁剪切方法是最常用的测量表观层间剪切强度的试验方法，此方法采用三点弯曲方法对复合材料短梁加载，其加载形式示意图与弯曲试验相同，当试验跨厚比足够小时，剪切应力占主导地位，试样发生层间剪切破坏，从而获得层间剪切强度，ASTM D2344 及 GB 3357（此标准已变更为 JCT 773，早期版本有1982、1996 和 2010 版）均采用此方法。在试验方法设计时，选择很小的跨厚比值，减小弯曲应力的影响程度，提升中性面区域的剪应力影响，可以实现层间剪切强度的测试。但加载点附近存在着应力集中，试样工作区全部处于应力集中的影响范围内。应力集中的存在，使得试样的应力状态变得复杂，导致材料力学的应力分布假设不再有效，加载点的影响及弯曲引起的正应力均对剪切强度造成影响，分析表明，试样的应力分布远不像经典梁理论那样。而该试验方法仍按照抛物线的剪应力分布假设进行试验结果的计算，这就直接导致了计算的剪应力只是表观值，这就是早期版本的 ASTM D2344 标准称为"表观层间剪切强度"的原因。

理论上，试验要保证不发生弯曲破坏，只发生剪切破坏，即：

$$\frac{\sigma_f}{\tau} < \frac{\sigma_f^{ult}}{\tau_{ult}} \tag{4-21}$$

一般复合材料，弯曲强度为剪切强度的 15 倍左右，故得出 $l/h < 7$，实际标准中常用 $l/h = 4 \sim 5$。

加载上压头和下支座半径的选取，可参照相应的标准。GB 3357 规定的上压头和下支座的半径为：上压头半径 $R = 2.0mm \pm 0.1mm$，支座圆角半径 $r = 2.0mm \pm 0.2mm$。

试验时，以 1mm/min～2mm/min 的速度加载直至破坏，记录破坏时的最大载荷。

非层间破坏的试样应予作废，同批有效试样不足 10 个时，应重做试验。

层间剪切强度计算公式为：

$$\tau_s = \frac{3P_b}{4bh} \tag{4-22}$$

式中　τ_s——层间剪切强度，MPa；

　　　P_b——试验破坏时的最大载荷，N；

　　　b——试样宽度，mm；

　　　h——试样厚度，mm。

观察破坏形式有助于分析试验结果的可靠性。对于非剪切的破坏模式，试验结果无效。

表 4-6 给出了短梁剪切试验的几种典型破坏模式。其中第一种破坏形式破坏通常发生于中面或者接近中面的位置，比较接近理论上最大剪应力位置，第二种模式也是由剪切应力引起的多层相继开裂，以上两种模式是比较理想的破坏模式。对于第三种情况，比较难以判断，而第四、五两种模式则是完全不可接受的破坏模式。发生弯断多是由于某种特殊的材料状态及试验条件造成纤维断裂发生

在层间破坏之前，而挤压是由于诸如湿热、高温等条件引起的试样承载能力下降引起的，在试验的全过程中没有明显的破坏点直至试样在支座间发生挤压，出现这种情况，无法得出有效的试验结果。

表 4-6 复合材料层间剪切（短梁法）的几种破坏模式

序 号	名 称	注 解
1	单剪	剪切破坏发生在一个层间
2	多剪	多个层间都发生剪切破坏
3	混合	剪切破坏同时伴有局部折断
4	弯断	层间未发生破坏，试样弯断
5	挤压	未见层间破坏

虽然短梁剪切试验方法存在很多问题，短梁剪切试验方法通常可以获得合理的剪切强度结果，该方法简便易行。试样小，耗费材料少，试样制备简单，试样尺寸加工精度对试验结果影响不大，试验夹具简单，对设备要求不高，试验操作简单高效。基于上述原因，短梁剪切试验方法被广泛用于选材及工艺质量控制试验。

4.5.2　双开槽剪切法

相关标准：ASTM D3846—2008 Standard Test Methods for In-Plane Shear Strength of Reinforced Plastics。

一种采用双面开槽试样的剪切试验方法，当前面所提到的短梁剪切方法不能有效地获得试验结果时，该方法依然有效。

此方法的原理是：在开槽区域，载荷通过分布于两个槽根部之间的剪切载荷实现载荷的有效传递。

此方法已被 ASTM D3846 采用。试样示意如图 4-17 所示。

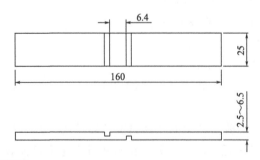

图 4-17 复合材料双面开槽层间剪切试样（单位：mm）

试样加工非常简单，但应注意开槽的加工质量对试验结果影响显著，开槽的深度加工应尽可能准确。

试验时，可以采用拉伸或压缩两种加载方式，采用拉伸加载方式时，将试样夹持在试验机的上、下夹头中间，以 1mm/min 恒定的速度施加拉伸载荷，直至破坏，记录破坏时的最大载荷。

采用压缩加载方式时，需要利用 ASTM D695 类型的试验夹具。试验时，将试样装夹于试验夹具之间，拧紧固定螺栓。拧紧力矩应按照相应标准要求。在试样的两个端面，以 1mm/min 恒定的速度施加压缩载荷，直至破坏，记录载荷-位移曲线，或者记录破坏载荷。

ASTM D3846 采用压缩加载方式。

层间剪切强度按照下式计算：

$$\tau_s = \frac{P_b}{bw} \tag{2-23}$$

式中　　τ_s——层间剪切强度，MPa；

　　　　P_b——试验破坏时的最大载荷，N；

　　　　b——试样宽度，mm；

　　　　w——试样两个开槽间的距离，mm。

在短梁剪切无法给出有效结果时，可以选用该方法。

同样应该指出，两个开槽间的剪切应力分布不是均匀分布，该方法获得的剪切强度依然是表观剪切强度。

观察发现，试样断口呈剪切为主的混合破坏。

由于压缩加载限制了试样的面外方向变形，而拉伸加载在试样破坏之前，已经可以观察到明显的面外变形，因此，拉伸加载获得的试验数据，通常会低于压缩加载。

4.5.3　双 V 形槽剪切

双 V 形槽剪切方法可以用于层间剪切试验，ASTM D5379 中，当切样方向在 2—3 材料面时，用该方法可以进行层间剪切试验，而且这种方法可以进行层间剪切强度和模量的测试，除试样切取方向不同外，其余操作和计算与面内剪切试验一致。

4.6　织物增强复合材料及测试

织物增强复合材料因其良好的损伤容限特性而得到应用。近年来，对织物增强复合材料的试验方法的研究引起许多研究者的广泛重视，针对织物增强复合材料的特点，已提出一些试验方法，但至今尚未形成标准。

纤维结构在复合材料的力学响应中占据很重要的地位，由于织物增强复合材料的微细观结构与普通层合材料有很大不同，即使在轴向拉伸作用下，由于纤维束之间相互影响，会产生局部非均匀变形场。因此，编织复合材料和单向预浸料复合材料在试验方法设计上应考虑的因素也不尽相同。一般单向预浸料复合材料应用的加载方法就不一定适用于编织复合材料，需要建立适用于编织复合材料的试验方法。

一般情况下，需要根据具体情况选择编织类型，如需要较高的面内性能，就应该把主要纤维分布在面内方向，沿厚度方向纤维可以较少。反之，如果单纯需要强调层间增强的效果，则应选择厚度方向纤维较多的编织方式。通常，三维复合材料被用于制造复杂形状，且受力为三向状态的零件。

所谓二维和三维的划分是根据纤维传递载荷是在三维还是在二维方向。因此二维复合材料层与层之间相互独立，没有增强纤维。由于经纬向纤维束相互交叉编织，二维复合材料纤维也有一定程度的弯曲。三维复合材料层与层之间有纤维相互连接，纤维束由于与多层相互交叉，其弯曲程度比二维复合材料要高。

三维复合材料由于纤维弯曲程度增大，导致面外方向承受拉伸及层间剪切的能力提高，这样就有效地减少了层间分层的可能性。此时，复合材料的呈层特性不复存在。

这些材料在细观结构上与层合材料具有很大的区别，这就导致了现有的试验方法用于这些类材料会遇到困难，因此试验方法设计应充分考虑材料的特点，更重要的是测出的结果要能够准确反映材料的真实特性。已有一些研究者对现有方法的适用性进行了广泛的研究。在现有标准方法的基础上，适当改进，使之更适用于织物的增强复合材料。

4.6.1　拉伸试验方法

拉伸试验方法是最基本的试验方法，其基本原理和加载方式与其他标准方法相同，本文仅介绍编织复合材料试验方法的特殊点，通用的技术内容可从相关的试验标准中查到（如 ASTM D3039、GB 3354 等）。

每种编织结构都是由独立的具有特定形状和尺寸的单元重复构成，编织复合材料具有比单向预浸料复合材料更高的非均质性，因此，编织复合材料在取样时应确保具有足够多的编织单元。推荐的试样的尺寸列于表 4-7。

表 4-7　织物增强复合材料拉伸试样尺寸　　　　　　　　　　单位：mm

项　　目	工作段长度	加强片长度	试 样 宽 度
纵向	125	50	25
横向	125	50	25

本试样可用于多数二维或三维编织复合材料。这里给定的宽度尺寸是根据编织单元尺寸在 10.5mm～21.0mm 范围的二维编织复合材料的情况来确定的，另有一些文献中规定试样宽度为 38mm，具体采用何种尺寸，应视具体情况来定，一般应遵循编织单元完整原则，建议不应小于本文中的宽度尺寸。

试样切割时应避免毛边、分层等加工缺陷，为保证加工质量，试样边切割后应精磨。加强片材料选择应使之与试验材料的刚度相匹配，以减少局部应力集中现象，一般可采用比试验材料弹性模量略低或相当的材料，例如正交玻璃布复合材料，加强片的导角为 5°～15°，厚度视具体情况定，一般在 1.5mm～2.5mm 之间比较合适。

其余规定可参见 GB 3354、ASTM D3039 等标准。

4.6.2 压缩试验方法

原则上，复合材料层合板压缩试验方法，同样适用于编织复合材料，需要考虑保证编织单元完整的原则，必要时，适当增大试样的宽度尺寸，一般可采用宽度为 25mm 的试样。也有的研究机构采用了开孔压缩试验的夹具和试样，试样的尺寸见表 4-8。

表 4-8 织物增强复合材料压缩试样尺寸　　　　　单位：mm

项　　目	试 样 长 度	试 样 宽 度	试 样 厚 度
纵向	308	38	3
横向	308	38	3

试样厚度一般应在 3mm 左右，偏离此厚度较多时应事先验证可行性。试验夹具可采用与层合板开孔压缩试验类似或相同的夹具，加载形式可设计为端面直接加载或者是夹持剪切加载。

4.6.3 面内剪切试验方法

可选用轨道剪切或者改进的轨道剪切方法。薄壁筒扭转在制样及试验技术方面都比较复杂，一般不推荐使用。

4.6.4 开孔拉伸与开孔压缩

此方法与层合板情况下的条件相同，采用直边等截面试样。试样的具体尺寸在表 4-9 中给出。具体条件，可参见 HB 6740 与 ASTM D5766 中的有关要求。试样中有关尺寸应满足关系 $W/d=6$ 和 $d/t=1.5\sim3.0$。

表 4-9　织物增强复合材料开孔拉伸试样尺寸　　　　　单位：mm

项　　目	试 样 长 度	试 样 宽 度	试 样 厚 度	孔　直　径
纵向	308	38	2～4	6.3
横向	308	38	2～4	6.3

5

断裂韧度与损伤评定方法

　　复合材料及其结构的耐损伤能力的评价，是材料应用的关键。设计者会关心存在何种形式、何种尺度的损伤对于结构是可以允许的，材料研究者也需要知道增韧后对复合材料产生什么样的影响。

5.1　开孔拉伸及压缩试验

　　开孔拉伸及压缩试验是为了表征开孔对复合材料承载能力的影响。开孔拉伸及压缩试验体现了材料对于切口的敏感程度。由于孔边应力集中的影响，会使开孔后的材料的承载能力有所下降，而这种下降程度在某种程度上与材料的"韧性"状态有一定的关系，因而是材料抗损伤能力的初步评估。已被 ASTM 作为标准而采用，我国也提出了相应的航空工业标准。

　　相关标准：ASTM D5766/D5766M—2011　Standard Test Methods for Open Hole Tensile Strength of Polymer Matrix Composite Laminates；ASTM D6484/D6484M—2009　Standard Test Methods for Open-Hole Compressive Strength of Polymer Matrix Composite Laminates；HB 6740—1993　碳纤维复合材料开孔拉伸试验方法；HB 6741-1993　碳纤维复合材料开孔压缩试验方法。

　　开孔拉伸及压缩试验采用的试样尺寸为 300mm×36mm 的条形试样，中间开有一个直径为 6mm 的孔（见图 5-1）。在 ASTM 标准中，开孔拉伸试样的名义厚度为 2.5mm，可取的厚度范围为 2mm～4mm，而开孔压缩试验的名义厚度为 4mm，可取的厚度范围为 2mm～5mm。压缩试验厚度增加的主要考虑，是为了在试验中，避免出现总体失稳的问题，而拉伸试验不会出现失稳问题，可以取较小的试样厚度。

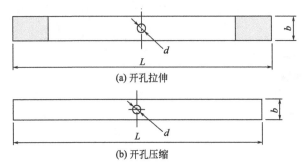

(a) 开孔拉伸

(b) 开孔压缩

图 5-1　复合材料开孔拉伸及开孔压缩试样

　　开孔拉伸与压缩试样的区别在于拉伸试样的两端视需求可以粘贴加强片，而压缩试样则没有。

　　标准推荐的铺层形式为准各向同性铺层 $[45/0/-45/90]_{2s}$，对于其他铺层也可参照执行。

　　对于标准的准各向同性铺层试样，也可以不粘贴加强片，对于 0° 比例很高的任意铺层试样，粘贴加强片。加强片的材料及其他要求，可参照拉伸试验中的相关要求执行。

　　试样加工时应注意避免钻孔时导致孔边分层损伤。

　　拉伸试验直接将试样装夹于上、下夹头之间，以 1mm/min～2mm/min 的速度加载进行试验。

　　压缩试验需要使用侧向防失稳装置以防止在压缩加载时发生失稳。防失稳装置可参照 NASA RP1142 以及 ASTM 标准中给定的试样进行设计（见图 5-2）。

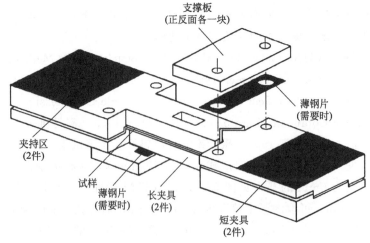

图 5-2　开孔压缩试验夹具

有效试样数量不足 5 个时，应重做试验。

开孔拉伸及压缩的强度计算可参照式（5-1）：

$$\sigma_{ult} = \frac{P}{bh} \tag{5-1}$$

式中　P——试样至破坏时的最大载荷；

　　　b——试样宽度；

　　　h——试样厚度。

观察试样的破坏形式，分析结果的有效性。压缩试验应尽量避免加载端面破坏，非孔边破坏的结果无效。

在实际应用中，几乎很难找到开孔应用的情况，多数情况都处于钉/孔配合的应用状态，而钉的存在，无疑对复合材料孔边的应力分布有很大影响。为了反映真实情况，需要对充填有钉的试样进行试验，ASTM 已经给出用于充填孔拉伸/压缩试验的标准：ASTM D6742/D6742M Standard Practice for Filled-Hole Tension and Compression Testing of Polymer Matrix Composite Laminates。

与一般的开孔试验不同，进行充填孔试验时，需要在试验之前，按照配合要求，将钉穿入试样的孔中，其他试验程序与开孔拉伸或压缩相同。

5.2　层间断裂韧度 G_C 试验

层间断裂韧度 G_C 试验，又称为边缘分层试验，此方法为 NASA RP1142 中推荐的用来表征材料韧性性能的指标之一，该方法目前尚未被 ASTM 采用，但已形成我国航空工业标准。

相关标准：HB 7071—1994 碳纤维复合材料层合板边缘分层拉伸试验方法。

5.2.1　层间断裂韧度 G_C 试验的基本原理

此方法的基本原理是：复合材料层合板在承受拉伸载荷作用时，会在 $\pm\theta$ 铺层组的自由边处产生应力集中，这种应力集中以层间剪切应力为主，又混合有层间正应力，而且层间正应力的方向指向面外的，就是说它是能够导致层间开裂的层间拉伸应力。

据此，可以设计如下试验：对于特定铺层的试样施加拉伸载荷，会使试样的边缘发生分层破坏，记录破坏过程中的必要信息，可获得所需参数 G_C。

这里介绍的复合材料层间断裂韧度 G_C 试验，即使采用边缘拉伸分层试样进行试验，这种方法采用铺层形式为 $[\pm30/\pm30/90/\overline{90}]_s$ 的试样，对其施加拉伸载荷，测量试样边缘分层破坏的发生与发展情况，从而获得对该材料层间断裂韧度 G_C 的试验结果。获得的层间断裂韧度 G_C，是 I 型和 II 型的混合结果。

5.2.2 试验条件

试验的加载方式为拉伸加载。

采用 250mm×38mm 的条形试样，每个夹持区的长度为 40mm～50mm，在试样中间部分 100mm 的标距段装夹引伸计。

试验加载速度为 0.1mm/min～0.3mm/min。

5.2.3 试验步骤

试验的主要步骤如下：

① 如无特别说明，试验环境为标准试验环境，即：温度 23℃±2℃；相对湿度 50%±10%；

② 试验设备和测量仪器应符合 GB/T 1446—2005 第 5 章规定；

③ 试验前，先按照 GB/T 1446—2005 第 4.4 节规定进行状态调节；

④ 目视检测，剔除不合格试样；

⑤ 测量试样工作区任意三处的宽度和厚度，精度按照 GB/T 1446—2005 第 4.5 节规定；

⑥ 将试样装夹于试验机的上、下夹具之间，试样的中心线应与试验机加载线重合；

⑦ 在试样工作段中部装夹应变引伸计，装夹时，应沿宽度方向靠近试样中部；

⑧ 预加载后卸载至初载（约分层起始载荷的 5%），调整应变测量装置，使之正常工作，预加载应不超过分层起始点对应载荷的 50%；

⑨ 设定横梁移动加载速度为 0.1mm/min～0.3mm/min，对试样连续施加拉伸载荷直至最终破坏，试验过程中，记录载荷-应变曲线；

⑩ 试验需要记录应力-应变关系偏离线性点，一般不推荐采用分级加载，若采用分级加载，则应保证在试验线性段内至少有 5～7 级，并在非线性段内也有足够的测量点；

⑪ 观察破坏显现，如破坏异常，则该试样数据无效；

⑫ 同批有效数据不足 5 个应另取试样补充或重做试验。

5.2.4 结果分析

(1) 分层起始应变 分层起始应变 ε_C 定义为载荷-变形曲线偏离线性时的应变，按照式（5-2）计算：

$$\varepsilon_C = \frac{l_C}{L_0} \tag{5-2}$$

式中 l_C——载荷-变形曲线偏离线性点时引伸计输出变形量，mm；

L_0——引伸计标距长度，mm。

（2）层合板拉伸弹性模量 拉伸弹性模量按式（5-3）计算：

$$E_0 = \frac{L_0 \Delta P}{bh \Delta l} \tag{5-3}$$

式中 E_0——层合板的弹性模量，GPa；

ΔP——试验载荷-变形曲线上，线性段内任取载荷增量，N；

Δl——与载荷增量相对应的引伸计输出变形量，mm；

L_0——引伸计标距长度，mm；

b——试样工作段宽度，mm；

h——试样的厚度，mm。

（3）层合板边缘分层层间断裂韧度 边缘分层层间断裂韧度由下式计算：

$$G_C = 0.16 E_0 \varepsilon_C^2 h \times 10^6 \tag{5-4}$$

式中 G_C——边缘分层层间断裂韧度，J/mm²；

E_0——层合板的弹性模量，GPa；

ε_C——层合板分层起始应变；

h——试样的厚度，mm。

5.3 复合材料层间断裂韧度试验

层合复合材料具有增强体性能远高于基体性能的特点，面内方向上通过调整各方向纤维比例，可以调整其性能，而层间性能则是复合材料的明显弱项，例如碳纤维准各向性板的拉伸性能可达 700MPa～1200MPa，而层间方向拉伸强度仅有 50MPa 左右。层间剪切强度也比较低。由此可见，层间是复合材料的弱点，需要重点关注，描述层间分层断裂，仅有层间的几个强度分量是远远不够的，根据传统断裂力学理论可知，层间强度的分量仅仅能够决定分层是否引发，但并不是分层扩展的控制参数，为此，引入分层扩展的控制参数，即层间断裂韧度。

层合复合材料层间断裂韧度通常用能量释放率来表示。符号 G_C 表示临界能量释放率，物理意义为发生单位面积分层扩展所消耗的能量，单位 J/m²。能量释放率又可以分为Ⅰ型和Ⅱ型。

5.3.1 复合材料Ⅰ型层间断裂韧度 G_{IC} 试验

此方法为 NASA RP1142 中推荐的用来表征材料韧性性能的指标之一，目前 G_{IC} 试验方法已形成 ASTM 标准，我国航空工业标准已采纳。

相关标准：ASTM D5528—2013 Standard Test Methods for Mode I Interlaminar Fracture Toughness of Unidirectional Fiber-Reinforced Polymer Matrix Composites；

HB 7402—1996 碳纤维复合材料层合板Ⅰ型层间断裂韧度 G_{Ic} 试验方法。

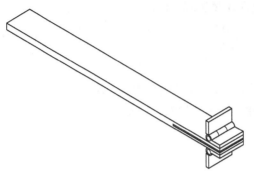

复合材料Ⅰ型断裂韧度（层间张开型） G_{Ic} 试验采用双悬臂梁试样，试样的形式如图 5-3 所示。

试样制备的关键在于一端预制分层，可在一端的中面层埋入聚四氟乙烯塑料薄膜，以预制分层，薄膜的厚度应不大于 0.05mm。

与其他所有试验方法相同，若无特殊环境要求，试验前，应先按照 GB/T 1446—2005 第 4.4 节的规定进行状态调节。

图 5-3 复合材料Ⅰ型断裂韧度试样

以位移控制方式对试样施加拉伸载荷，记录载荷-变形曲线，当分层扩展 10mm 左右卸载，重复上述过程，直至分层长度达到 100mm 左右停止试验。按照式（5-5）对每次加载-卸载过程计算层间断裂韧度 G_{Ic}，并取平均值。加载速度为 1mm/min～2mm/min。

Ⅰ型层间断裂韧度 G_{Ic} 按下式计算：

$$G_{\mathrm{Ic}} = \frac{mP\delta}{2ba} \times 10^3 \tag{5-5}$$

式中 G_{Ic} ——层间断裂韧度，$\mathrm{J/m^2}$；

       m ——柔度曲线拟合系数；

       P ——分层扩展临界载荷，N；

       δ ——对应于载荷 P 的加载点位移，mm；

       b ——试样宽度，mm；

       a ——分层长度，mm。

试验设计时应该注意，试样大挠度导致的几何非线性会对试验结果产生影响，为此，应适当增大试样的厚度，以确保试样大变形对结果影响程度不大。一般按 ASTM D5528 建议，试样厚度应满足式（5-6）：

$$h \geqslant 8.28 \sqrt[3]{\frac{G_{\mathrm{Ic}} a_0^2}{E_{11}}} \tag{5-6}$$

式中 G_{Ic} ——层间断裂韧度，$\mathrm{J/m^2}$；

       a_0 ——分层初始长度，mm；

       h ——试样厚度，mm；

       E_{11} ——试样沿纤维方向的弹性模量，MPa。

试验过程中，应测量并记录试样的两个边缘的分层扩展长度。为此，试验前，应在试样的两个边缘，用打字涂改液涂覆于表面，以便有利于观察分层的扩展过程。还可以在涂改液上划线标识，作为分层扩展尺寸的参考位置。在分层扩展区，每间隔 10mm 划一条标志线，也可以根据具体情况，确定刻线间隔。精确的分层扩展长度的测量，需要用到光学读数显微镜来读取，一般选取 50 倍的光学显微镜即可满足要求。现代电子图像识别技术，为我们提供了另外一种先进的自动记录并分析分层扩展过程的方法。

本文所述柔度法计算能量释放率的方法，试验前，需要进行柔度与分层尺寸的标定。

5.3.2　复合材料层间断裂韧度 G_{IIC} 试验

测量 II 型层间断裂韧度的方法有很多种，其中包括最常用的端部分层梁弯曲方法（即所谓的 ENF 法），弯曲试验可以采用三点弯曲，也可以采用四点弯曲方法。该方法被普遍认为是在纯 II 型载荷作用下的层间断裂韧度试验方法，目前已被广泛应用，已被我国航标作为标准采纳，欧洲和日本的一些工业机构也已用作标准。ASTM 早已将该标准列入标准工作计划，但至今尚未形成正式标准。

相关标准：HB 7403—1996 碳纤维复合材料层合板 II 型层间断裂韧度 G_{IIC} 试验方法；AECMA Aerospace Series，Carbon Fiber Reinforced Plastics：Determination of Interlaminar Fracture Toughness Energy in Mode I—G_{IC}（prEN6033）and Mode II——G_{IIC}（pr EN 6034），Association Europeene de Constructeurs de Materiel Aerospatial，Paris，France，Dec. 1995；Japan Industrial Standards，JIS 7086，Testing Methods for Interlaminar Fracture Toughness of Carbon Fiber Reinforced Plastics，Japanese Standards Association，Tokyo，Japan，1993。

复合材料 II 型断裂韧度（层间剪切型）G_{IIC} 试验采用端部预制分层的弯曲梁试样，可采用三点弯曲和四点弯曲方法，HB 7403 采用的是三点弯曲法，试样的示意如图 5-4 所示。

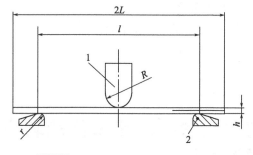

图 5-4　复合材料 II 型断裂韧度试样
R—上压头半径；r—下支座半径；L—试样长度；l—跨距；
h—试样厚度；1—上压头；2—下支座

ENF 试样的尺寸：长度为 140mm，宽度一般在 25mm 之间。单向碳纤维复合材料试样的厚度应在 3mm～5mm。

试样制备时，一端的中面层埋入聚四氟乙烯塑料薄膜，以预制分层，薄膜的厚度应不大于 0.05mm，预制分层的长度应在 40mm 左右。

若无特殊环境要求，试验前，应先按照 GB/T1446—2005 第 4.4 节规定进行状态调节。

试验采用三点弯曲试验方法，调整下支点之间跨距为 100mm。

为了更好观察分层扩展情况，试验前，应在试样两侧的边缘涂覆白色涂改液。

为了确保分层前缘具有裂纹尖端的特性，应对试样上预制好的分层进行裂纹预制，裂纹预制应采用剪切加载的形式，剪切加载时，需要控制预制的裂纹扩展长度在 5mm 左右，裂纹初始长度与加载半跨距之间应满足 $a > 0.7L$。

将 ENF 试样放置在三点弯曲试验夹具上，调整试样位置，确保分层前缘与加载中线间的距离约为 25mm。为了准确调节该位置，可先借助于低倍读数显微镜在试样上做出位置标记。

以位移控制方式对试样施加拉伸载荷直至破坏，记录整个过程的载荷-挠度曲线。挠度测量可采用差动变压器或其他变形测量装置，测量跨距中点的挠度-载荷变化过程，或者直接采用试验机横梁移动位置（建议对于系统刚度好的试验系统采用该方法）。

HB 7403—1996 规定的试验加载速度为 1mm/min～2mm/min，优先推荐 1mm/min。

按照式（5-7）计算Ⅱ型层间断裂韧度 $G_{\text{Ⅱ}C}$。

Ⅱ型层间断裂韧度 $G_{\text{Ⅱ}C}$ 按下式计算：

$$G_{\text{Ⅱ}C} = \frac{9P\delta a^2}{2b(2L^3 + 3a^3)} \times 10^3 \qquad (5\text{-}7)$$

式中　$G_{\text{Ⅱ}C}$——Ⅱ型层间断裂韧度，J/m^2；

　　　P——分层扩展临界载荷，N；

　　　δ——对应于载荷 P 的加载点位移，mm；

　　　b——试样的宽度，mm；

　　　a——有效分层的长度，mm；

　　　$2L$——跨距，mm。

5.4　复合材料层合板冲击损伤及剩余压缩强度评价试验方法

冲击损伤（本文所涉及的冲击问题均为低速冲击）往往涉及复合材料最敏感

的分层损伤问题，由冲击引起的损伤多表现为目视不可检的内部损伤，同时包含有基体开裂、纤基剪切、纤维断裂和层间分层等多种形式。这种损伤即使是目视不可检的，也可能使结构承载能力，特别是承压能力显著下降，从而对飞机结构的安全构成很大的潜在威胁。在航空应用中，重点关注复合材料低速冲击损伤问题。例如，工具掉落于飞机机翼表面、跑道碎石对机身的冲击等都可以归为此类问题。

NASA 在 NASA RP1142 中推荐用材料的冲击后压缩强度（CAI）来表征材料韧性状态，并明确规定了冲击后压缩试验方法标准及相应的性能要求，该规范已成为航空结构复合材料设计与选材的重要依据。多家机构提出了相应的标准，这些方法的基本技术条件列于表 5-1。

表 5-1　几种冲击及冲击后压缩强度试验方法

提出/采用者	试样尺寸/mm	支持形式	冲头		能量/(J/mm)	铺层形式
			直径/mm	质量/kg		
NASA	300×175 冲后切至 300×125	125×125 方形区域，固支	ϕ12.5	5	4.45	$[45/0/-45/90]_{6s}$
SACMA/Boeing	150×100	76×127 矩形区域，四点固支	ϕ16	5	6.67 4.45	$[45/0/-45/90]_{4s}$
CRAG	冲击后切至 180×50	ϕ100 环形固支	ϕ10	根据需要选取		$[45/0/-45/90]_{2s}$
ASTM D7136/D7137	150×150	125×100 矩形区域，四点固支	ϕ16	5.50	6.7	$[45/0/-45/90]_{4s}$
ASTM D6264	150×150	ϕ50M 圆环形区域，周边固支	ϕ12.7	—	—	$[45/0/-45/90]_{4s}$
QMW	89×55	ϕ40 域固支	ϕ20	4		$[45/0/-45/90]_{2s}$

相关技术标准：HB/T 6739—1993 碳纤维复合材料层合板冲击后压缩试验方法；

GB/T 21239—2007 纤维增强塑料层合板冲击后压缩性能试验方法；

SACMA SRM 2—88 Compression Afier Impact Properties of Fiber-Resin Compsites；

BSS 7260 Boding Specification Support Standard，Ompression-Afier-Impact Testing；

ASTM D6264/D6264M—2012 Standard Test Methods for Measuring the Damage Resistance of a Fiber-Reinforced Polymer-Matrix Composite to a Concentrated Qusai-Static Indentation Force；

ASTM D7136/D7136M—2012 Standard Test Methods for Measuring the Damage Resistance of a Fiber-Reinforced Polymer Matrix Composite to a Drop-Weight Impact Event;

ASTM D7137/D7137M—2012 Standard Test Methods for Compressive Residual Strength Properties of Damaged Polymer Matrix Composite Plates。

冲击损伤评价阶段，从未损伤状态开始，通过试验，获得试样分层或破坏的最大载荷、造成冲击损伤的程度以及能量情况等。即材料冲击损伤阻抗评价，涉及复合材料承受冲击载荷的能力。

从试验实施方面考虑，复合材料冲击后压缩试验分为两部分：复合材料层合板冲击损伤阶段，一般由一个半球形钢质冲头，从给定的高度落下，冲击夹持在夹具上的复合材料的试样表面。要求这种冲击能量及速度都控制在较低的水平，往往不会造成严重的穿透性损伤，甚至造成目视不可检出的损伤。典型的冲击夹具及冲击后压缩试验装置的示意图如图 5-5 所示。

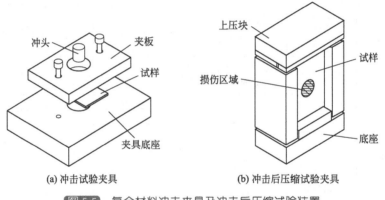

(a) 冲击试验夹具　　　　　(b) 冲击后压缩试验夹具

图 5-5 复合材料冲击夹具及冲击后压缩试验装置

冲击试验的装置由试验夹具、冲击头以及试验控制装置等组成，试验时，将试样装夹于试验夹具上，操作试验装置，使冲击头以预定的能量冲在试样的中间区域，形成冲击损伤，低速冲击导致的纤维增强复合材料层合板的损伤包括基体开裂、层间分层、纤维断裂等基本模式。对冲击损伤程度的观测通常采用目视检测及 C 扫描方法。

将含冲击损伤的试样装夹在冲击后压缩试验夹具中，对试样施加压缩载荷直至试样破坏，观察试样的破坏过程，记录破坏时的载荷。

试样的冲击后压缩强度由下式计算：

$$S_{CAI} = \frac{P}{bh} \tag{5-8}$$

式中　S_{CAI}——试样的冲击后压缩强度，MPa；

P——试样破坏时的载荷，N；

b——试样宽度，mm；

h——试样长度，mm。

如果在标准推荐的冲击能量下进行试验，可固定冲击头的质量，适当调整下落高度来获得适当的冲击能量。

层内的基体开裂和纤维基体脱胶是层合板低速冲击损伤的最初损伤形式。基体裂纹的产生主要是因为纤维与基体性能不匹配造成的。基体裂纹分成剪切裂纹（shear crack）和弯曲裂纹（bending crack）两种，前者主要出现在冲击面和层合板中面的铺层内，是横向剪切应力作用的结果；后者主要出现在冲击背面，是弯曲拉伸应力作用的结果。

分层是对层板刚度与强度影响最为显著的损伤形式，当冲击能量达到一定值时，分层损伤才开始发生。只有在基体开裂出现之后，分层损伤才会发生。铺层（或铺层组）内的基体裂纹扩展到层间时受到不同方向铺层的阻拦而停止扩展，这时在基体裂纹尖端附近的层间会出现高正应力和切应力区，从而导致层间分层的发生。分层的扩展受构成该界面的下铺层内层间纵向切应力 σ_{13}、面内横向正应力 σ_{22}，以及上铺层内层间横向切应力的 σ_{23} 控制。

纤维断裂通常发生在基体开裂和分层损伤之后，纤维断裂只发生在冲头接触的区域内，是冲头压应力和局部凹陷（主要由剪切力控制）作用的结果；而在冲击背面，纤维断裂主要是弯曲应力作用的结果。

(1) 破坏特征　观察试验过程发现，载荷增大到一定的程度后，在试样的前表面的冲击损伤区域出现凹陷［见图 5-6(a)］，而同时在后表面出现凸起［见图 5-6(b)］，这是由于冲击损伤分层引起的。从图中可见，背面的损伤尺寸比前表面要大。当载荷继续增加时，后表面的分层损伤逐渐沿横向扩展直至试样边缘。后表面及其相邻内部的几层开始出现失稳弯曲。此时，有的试样可以观察到凸起的分层向试样的上、下方向略有扩展［见图 5-6(d)］，而有的试样则几乎不可见这种纵向扩展。这种现象可以用子层屈曲模型来描述。而在此过程中，前表面的凹陷损伤则仅扩展到冲击损伤的边缘而不再向外扩展。

在子层出现屈曲后，后表面及其相邻内部的几层完全失去承载能力，前表面及其内部相邻的子层仍继续承载直到完全破坏［见图 5-6(c)］。

(2) 准静态压入试验　冲击后压缩试验方法在对复合材料抵抗损伤能力的定量表征方面存在很多不足，准静态压入（QSI）试验方法，又称为准静态压痕试验或简称静压痕，是为了克服冲击后压缩试验的缺点而引入的一种方法，该试验可以定量地测量在准静态横向接触力的作用下，复合材料抵抗损伤的能力。由于采用准静态加载的形式，可以在试验机上定量测出整个加载及损伤的过程。试验加载示意图如图 5-7 所示。

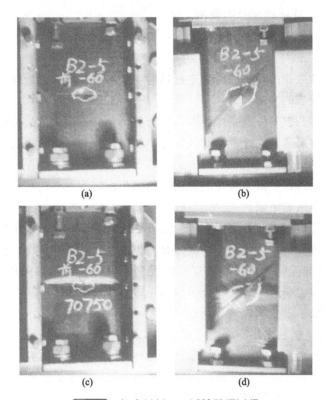

图 5-6　复合材料 CAI 试验破坏过程

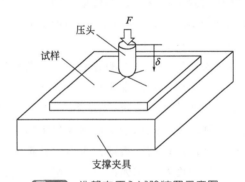

图 5-7　准静态压入试验装置示意图

　　根据 ASTM D6264 的要求，试样为 150mm×150mm 的方形试样，试样的铺层形式为 $[45/0/-45/90]_{ns}$，其中 n 选取应使试样的厚度接近 4.2mm。试验采用圆环形简支条件，圆环的直径为 127mm，利用直径为 12.7mm 的球形头，对试样施加接触载荷，以此模拟试样承受冲击载荷的情况。为了便于分析，还可以将试样完全放置在钢背板上进行压入试验，以便对比。

　　试验时，连续记录压入载荷及压入位移，从曲线（见图 5-8）上可得到初始损伤载荷、最终损伤载荷等。根据需要，还可以采用其他辅助措施进行损伤情况分析。

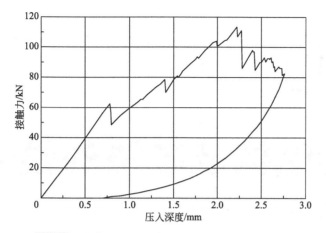

图 5-8　准静态压入试验的压入深度与接触力关系

6

夹层结构及芯材的性能测试

夹层结构是一种结构复杂的复合材料。夹层结构一般是由三层材料制成的复合材料（A型），也有五层结构的复合材料（C型），由蒙皮和芯材组成，具有比强度、比模量高，密度低和透波性好的特点。在航空、航天、船舶、建筑、桥梁和家具制造等领域广泛应用，尤其在航空和航天领域应用最为广泛。按芯材分为泡沫、蜂窝、梯形板、矩形和轻型实芯夹层结构，对夹层结构和芯材的性能测试方法研究有重要意义。本章主要讨论金属和非金属蜂窝、波纹和泡沫等芯材及其夹层结构的力学性能试验方法。

6.1 概述

由于夹层结构的组成复杂，而蒙皮材料的强度和模量高于芯材，其试验方法必须反映夹层结构的真实性能，所以其试验方法较为复杂。各种标准的测试方法不统一，甚至不完善。研究国内外的相关标准，芯材的节点拉伸强度和密度试验方法，夹层结构和芯材的平面压缩、平面拉伸和平面剪切试验方法，夹层结构的弯曲、侧压和滚筒剥离试验方法较为成熟。

6.1.1 夹层结构试样制备的一般要求

夹层结构试样板的制备严格按生产工艺进行，包括面板材料表面清理、胶黏剂的配制工艺、涂胶工艺、黏合及固化工艺条件，必须严格按工艺要求，并且制样的工艺方法应能够代表被测试材料的真实工艺状态。制样过程应认真仔细，否则，就会造成试验失败或试验结果不能反映夹层结构材料的真实性能。

夹层结构试验板材制成后，按照试验方法的要求，将试样板切割成所需的试样。由于夹层结构的特殊性，对机械加工要求非常严格，不要使用普通金属材料用的冷却剂，只能使用水冷却。切割工具要锋利，切割速度不能很快，防止产生过热、振动和开裂等机械损伤。加工完成后，试样应该进行烘干、清理等措施，保证试样完好无损。

夹层结构的部分试验，需要对试样粘接。粘接时要严格按工艺进行，包括试样粘接表面的打磨、清理、胶黏剂的选择、涂胶工艺。试样的定位、固定应保证试样固化过程不滑移。还应注意胶黏剂强度应适中，固化温度不高于夹层结构的固化温度。

试样的数量要求，取决于试验目的。一般性检验，标准规定试样不少于 5个，并保证 5 个有效试样。若为设计提供数据进行选材试验，或者为制定材料标准提供测量基准，试样数量将更多。

6.1.2 试验条件

试验条件取决于试验目的，包括硬件设备和环境条件。硬件设备主要是材料试验机、必要的试验夹具、胶黏剂、加载板（块）和固化夹具等。

环境条件：力学性能试验总则规定的试验条件，环境温度为 23℃±3℃，相对湿度为 50%，在此环境条件下，试样放置不少于 24h，进行状态调节。如果环境条件达不到要求，应记录试验时的温度、相对湿度，也要进行状态调节（干燥器内至少放置 24h）。

在试验有高低温要求时，由于夹层结构的材料大多数是热的不良导体，芯材中有空隙，因此试样必须在温度箱内放置足够长的时间，使试样内部与箱内温度达到平衡，这个保温的时间称为试样的时间常数，与材料有关。否则将影响试验结果。同时测温点尽可能靠近试样，减少测量误差。

6.1.3 性能测量

夹层结构及芯材的力学指标参数主要是强度和弹性模量。这类材料多数有明显的破坏载荷，因此测量强度比较容易，但泡沫塑料的夹层结构在压缩时，不出现明显的破坏载荷，只能按规定将试样压缩到一定的百分比，据此载荷衡量试样的压缩强度。

弹性模量的测量比较复杂，影响因素较多。夹层结构及芯材的韧性较大，加载后试样的变形量较大，测量变形比较容易。但掌握不好测量方法也会造成较大的误差。因此测量变形时，先预加载，调整试验机和测变形仪器的零点，使其处于良好的工作状态。然后按破坏载荷 5%分级加载，也可采用连续加载，但不可超过破坏载荷的 50%，重复加载几次后，再正式测试，使测试结果重复性好。

弹性模量是通过载荷-变形曲线初始直线段的斜率来计算的。不同材料的载荷-变形曲线的初始线段形状不同，经常遇到如图 6-1 所示的曲线形式。

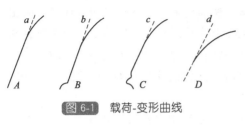

图 6-1　载荷-变形曲线

曲线 A 是一条良好的曲线，模量线 A 容易描绘出，曲线 B 和 C 是当平板、夹具或引伸计没有固定好，或调整不到位而测得的，模量 B、C 应从较好的直线段截取。曲线 D 是从弹性极限较差材料测得的，一般可采取割线模量来计算。

6.1.4　试验设备与变形测量装置

如无特殊要求，载荷测量精度达到 $\pm 1\%$，能够连续、均匀加载的任何材料试验机均可使用，包括液压式、机械式和电子万能材料试验机。机械式材料试验机操作简单，价格便宜，但测量精度低，变形测量较困难；电子万能材料试验机精度高、调节范围大、操作较复杂，现一般配有计算机，能提高测试速度、扩大测试范围、减小测试误差、提高数据处理能力。

试验装置包括试验夹具和连接件。根据试验目的，选择合适的试验装置，是试验的基础。试验夹具的选择直接影响测试精度。要注意安装方法合理、调整到位。

变形测量装置多种多样，对结果影响较大。如千分表、杠杆引伸计、光学引伸计、应变引伸计、应变片法等，各种变形测量方式只要满足使用要求并与机器配套均可应用。千分表和杠杆引伸计，安装较困难，误差较大。光学引伸计在高低温测量时，可以进行非接触式，十分方便，但附加设备多。应变片法测量精度较高，但粘贴比较困难。电子式材料试验机配备的应变引伸计，使用温度范围广、体积小、质量轻、灵敏度高、安装方便。可直接绘制出载荷-变形曲线，如果配备计算机，可直接对载荷-变形曲线进行处理。

6.2　芯材胶条分离强度的测试

芯材胶条分离强度试验也成为蜂窝节点强度，适用于金属或非金属蜂窝芯材。泡沫夹层芯材没有这个问题。

相关标准：ASTM C363—2009 Standard Test Methods for Delamination Strength of Honeycomb Core Materials；JC 781—2006 蜂窝型芯子胶条分离强度试验方法（原 GB/T 10702—1989）。

6.2.1　基本原理

蜂窝型芯材的制造，首先用涂胶机在铝箔、玻璃布或纸上涂一定间隔和宽度的胶条，经多层叠合压成蜂窝块，经切割至所需厚度，在特定框架上拉开，形成蜂窝格状孔的蜂窝板。将其浸胶固化后，制成蜂窝芯材。蜂窝芯材孔格有四边形、六边形等形状，最常用的是正六边形。其中两个边为双层壁，就是节点，也可称胶条。

胶条分离（节点）强度，直接决定蜂窝的使用和产品的质量。因此胶条分离（节点）强度是蜂窝芯材的重要指标。

6.2.2 试样及试验装置

（1）试样 试样分为多蜂格和单蜂格。对于多蜂格试样，当蜂格边长小于15mm 时，试样宽度方向至少包含 7 个完整蜂格，当蜂格边长大于或等于 15mm 时，试样宽度方向至少包含 5 个蜂格。试样试验区长度方向至少包含 12 个蜂格。

对于单蜂格试样，长度方向至少包含 12 个蜂格。试样厚度一般取制品的实际厚度。

（2）试验装置

① 试验机：能够均匀加载且载荷精度达到±1%精度的材料试验机，但由于蜂窝芯材的胶条分离强度很低，应选用小吨位、较长行程的材料试验机。

② 试验夹具：用于芯材拉伸的试验夹具，一般采用插销型，一种是多蜂格插销型夹具［见图 6-2(a)］，插销或套环直径为蜂格边长 C 的 1.5 倍，当蜂格较大或难以拉开的试样，可预先制备套环。另一种是单蜂格插销型［见图 6-2(b)］，插销与套环直径与多蜂格相同。

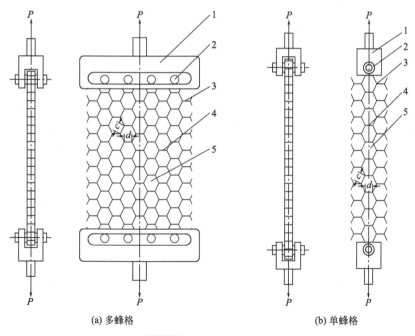

(a) 多蜂格　　(b) 单蜂格

图 6-2 插销型试验夹具

6.2.3　试验概述及注意事项

(1) 试样的裁剪　试样应从整块蜂窝芯子上、外观质量具有代表性的部位，用剪刀或锋利的刀裁取，宽度方向应与胶条粘接面平行。沿单蜂壁裁开，使试样两侧边保留完整的胶条。

(2) 试样状态调节　试样状态调节按 GB 1446—2005 第 4 章进行。

(3) 试样安装　把夹具安装在试验机的夹头上，用插销把试样装于上夹具中，调整试验机的零点，再用插销把试样插在下夹具中。

(4) 试验　按标准规定，选择 50mm/min 或 100mm/min 的速度进行试验，施加载荷，直至破坏，记录破坏载荷。在插销处破坏的试样无效，应另取试样补充。

6.2.4　结果计算

蜂格胶条节点强度按式 (6-1) 和式 (6-2) 计算：

多蜂格试样
$$N_b = \frac{P_b}{hn_T} \times hn^3 \tag{6-1}$$

单蜂格试样
$$N_b = \frac{P_b}{h^3} \tag{6-2}$$

式中　N_b——蜂格胶条节点强度，N/m；

$\quad\quad P_b$——试样破坏载荷，N；

$\quad\quad h$——试样厚度，mm；

$\quad\quad n_T$——试样横截面上蜂格有效胶条数目。

6.2.5　影响因素分析

(1) 试样对胶条分离（节点）强度的影响　同种芯材通过调整胶条间隔，可制成不同规格的芯材，相同规格的芯材，通过控制浸胶次数或胶液黏度，可制成密度不同的芯材，蜂窝芯材在拉伸载荷的作用下发生胶条分离时，高密度试样胶条分离（节点）强度取决于胶条面积，低密度试样胶条分离（节点）强度取决于胶条的长度（即试样的厚度）。在蜂窝边长和涂胶次数完全一致时，还可只计算破坏载荷，进行比较。

(2) 试样裁取方法的影响　同一批蜂窝产品，取样部位是很关键的，应当严格按标准执行。GB 10702 规定从外观质量差或蜂格不完整的部位裁剪。注意保证侧边有完整的蜂格，要使裁取的试样具有代表性，反映芯材的性能，必须严格执行标准的要求。

(3) 试样尺寸的影响　试样宽度对结果有影响。宽度越小，强度越低，试验结果的分散性越大。单蜂格试样，其影响更严重，数据的分散性更大，主要是由蜂窝制造工艺、涂胶工艺和胶条宽度不均匀而造成的，还与取样的位置有关。

试样长度对结果也有影响。随着试样长度的增加，胶条分离（节点）强度略有提高。一般取试样长度为 12 个蜂格或根据 $[n_c=(12\times10)/C]$ 计算确定。

试样厚度理论上对结果没有影响。试验表明，厚度增加，胶条分离（节点）强度稍微降低，这与蜂窝制造有关。

(4) 加载速度的影响　加载速度对胶条分离（节点）强度有影响。随着加载速度的增大，其胶条分离（节点）强度相应增大。

(5) 夹持方式的影响　夹持方式对结果影响较小。插销型夹持方式方法简单，但容易在插销处破坏。

6.3　夹层结构或芯子密度试验

密度通用的物理定义是：单位体积的材料在一定温度下的质量。

密度的测量原理比较简单，材料的质量 M 除以材料的体积 V 就是材料的密度 ρ。法定计量单位是 kg/m^3。在不同的温度下，材料的密度也不同。所以，材料的密度与测试的温度相对应，对温度不敏感的材料，温度的影响则很小。

对于夹层结构芯材，密度是检测产品质量的重要指标。本节介绍的测量方法适用于各种蜂窝结构及芯材（蜂窝、泡沫及人工介质等轻型填充材料）。

相关标准：GB/T 1464—2005　夹层结构或芯子密度试验方法；ASTM C271—2011 Standard Test Methods for Density of Sandwich Core Materials。

6.3.1　试样及试验装置

(1) 试样　芯材密度测量的试样，原则上外形规整，满足称量范围，能够代表产品质量的试样均可采用。GB 1464—2005 要求为 60mm×60mm 的正方形，或至少 4 个完整格子的试样，而国外通常采用的是体积不小于 18 in³（1in＝0.0254m）正方体尺寸。

(2) 试验装置　称量试样质量用感量为 1.0mg 的分析天平、测量试样尺寸用精度为 0.02mm 的游标卡尺或其他测量工具、用于状态调节的干燥器等。

6.3.2　试验概述及注意事项

(1) 试样的切取　虽然对试样的尺寸大小要求不严格，蜂窝或泡沫一般采用手工切取，注意必须用锋利的刀沿着样板边缘，并保证垂直平面。对人工介质等芯材，应采取机械加工方式，应保证规整。

(2) 试样尺寸的测量　如无特殊规定，试样应在环境温度 23℃±3℃，相对湿度 50% 的条件下进行状态调节，并放置 24h 以上，然后测量试样的长度、宽度和厚度，测量精度按 GB/T 1464—2005 第 4 章规定。由于蜂窝、泡沫和人工介质有空隙或易吸水，不可采取水浸法测量其体积。

(3) 试样的质量　经过状态调节处理的试样，立即用分析天平称其质量，精确至 0.5mg。

6.3.3　结果计算

(1) 夹层结构密度　按式（6-3）计算：

$$\rho = \frac{m}{Fh} \times 10^6 \tag{6-3}$$

式中　ρ——夹层结构密度，kg/m^3；

　　　m——夹层结构试样的质量，g；

　　　h——夹层结构试样的厚度，mm；

　　　F——试样横截面积，mm^2。

(2) 芯子密度　按式（6-4）计算：

$$\rho_C = \frac{m_C}{Fh_C} \times 10^6 \tag{6-4}$$

式中　ρ_C——芯子密度，kg/m^3；

　　　m_C——芯子试样的质量，g；

　　　h_C——芯子试样的厚度，mm；

　　　F——试样横截面积，mm^2。

6.3.4　影响因素分析

(1) 测量方法对结果的影响　多数芯材体积较大而质量较小，芯材的密度相对较小，测量试样质量必须用分析天平，精度要达到 ±0.5%，用游标卡尺测量试样尺寸时，要注意不可用力过大，否则测量结果的误差较大。亦可用测厚仪测厚度较为合适，应根据芯材的材质，选择合适的测厚仪，多测几点，减少误差。

(2) 测量精度对结果的影响　精度高的天平和测量工具更能反映芯材的真实情况。反之，则试验结果误差较大。所以尽可能采用高精度的测量仪器，但不可盲目追求高精度，在正确估计材料的密度范围的条件下，选择与之匹配的测量仪器。

(3) 环境条件对结果的影响　环境条件（温度、湿度）对结果影响较大。主要是因为有的芯材（如泡沫、人工介质、纸蜂窝等）易吸水，环境条件的影响更大，其干燥时间越长，密度越小。因此在测量密度前，必须对试样进行状态调节。

6.4 夹层结构或芯子平压性能试验

夹层结构或芯子平压性能试验是最基本的材料性能，压缩试验适用于金属或非金属蜂窝、泡沫塑料等材料的性能检测，但不适合人工介质等硬填充材料的性能检测。

相关标准：GB/T 1453—2005 夹层结构或芯子平压性能试验方法；ASTM C365—2011 Standard Test Methods for Flatwise Compressive Properties of Sandwich Cores。

6.4.1 基本原理

在垂直于芯材平面（即厚度方向）施加压力载荷，直至破坏，检测夹层结构或芯子试样承受压力载荷的能力，同时测量压力载荷下试样变形的大小，计算其弹性模量。夹层结构或芯子的性能（强度和模量）与材料的种类、结构形式、格孔大小、涂胶量、密度和制造工艺密切相关。

6.4.2 试样及试验装置

(1) 试样 芯材的试样 GB 1453—2005 采用的是 60mm×60mm 的正方形，也可选取 φ60mm 的圆形试样，厚度为 15mm 或同产品厚度，夹层结构亦同样，而国外采用正方形试样，其边长取为 3 倍的样品厚度，厚度应大于 12mm 而小于 20mm 的正方形尺寸。

(2) 试验装置 夹层结构及芯子平压性能试验所需试验机，满足精度±1.0%的材料试验机即可，最好使用载荷量程适中的试验机。

夹层结构及芯子平压试验装置示意如图 6-3 所示。试验装置中，球形支座可以调节上、下加载压块的平行度，以避免试样局部受力不均。上、下压块端面表面应平整光滑，两端面平行。厚度应适当加大，满足刚度要求。

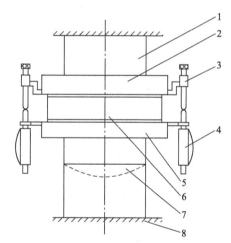

图 6-3 夹层结构及芯子平压试验装置示意
1—上压头；2—上垫块；3—测量变形附件；
4—变形计；5—下垫块；6—试样；
7—球形支座；8—试验机平台

6.4.3 试验概述及注意事项

(1) 平压强度的测量

① 将已测量过尺寸的试样，放置于试验机的球形支座上，使试样置于上、下压块的中心，并使试样与压块对齐，调整球形支座。注意：仔细调整球形支座，上、下压块平行并垂直于加载方向，使载荷均匀施加于试样表面。

② 以 0.5mm/min～2mm/min 的速度施加载荷，直至试样破坏，记录破坏载荷，观察破坏模式，有利于调整球形支座。注意：如果出现载荷示值下降或停顿现象，以此时载荷为破坏载荷，非正常破坏的应作废。

(2) 平压模量的测量

① 按图 6-2 所示的试验夹具，安装好测变形的的引伸计或百分表，调整零点或标距，注意：必须固定好测变形仪器，在加载过程中，不能滑动和松动。确定变形范围，不可超范围。

② 开动试验机，施加（5%）预载，重新调整引伸计或百分表的零点。采用分级或连续加载方式，记录试样的变形量及载荷或自动绘制载荷-变形曲线。

6.4.4 结果计算

(1) 平压强度 按式（6-5）计算：

$$\sigma = \frac{P}{F} \tag{6-5}$$

式中　σ ——平压强度，MPa；

　　　P ——破坏载荷，N；

　　　F ——试样横截面积，mm^2。

(2) 芯子平压弹性模量

① 用夹层结构试样测量时，按式（6-6）计算：

$$E_c = \frac{(h - 2t_f)\Delta P}{F \Delta h} \tag{6-6}$$

式中　E_c ——芯子平压弹性模量，MPa；

　　　ΔP ——载荷-变形曲线上直线段的载荷增量值，N；

　　　h ——试样厚度，mm；

　　　t_f ——面板厚度，mm；

　　　Δh ——对应于 ΔP 的压缩变形增量，mm；

　　　F ——试样横截面积，mm^2。

② 用芯子试样测量时，按式（6-7）计算：

$$E_c = \frac{h_c \Delta P}{F \Delta h_c} \tag{6-7}$$

式中　E_C——芯子平压弹性模量，MPa；

　　　ΔP——载荷-变形曲线上直线段的载荷增量值，N；

　　　h_C——芯子试样厚度，mm；

　　　Δh_C——对应于 ΔP 的压缩变形增量值，mm；

　　　F——试样横截面积，mm²。

(3) 蜂壁压缩性能计算

① 蜂壁压缩强度按式（6-8）计算：

$$\sigma_s = \frac{P}{(2n_1 d + n_2 c) t_s} \tag{6-8}$$

式中　σ_s——蜂壁压缩强度，MPa；

　　　P——破坏载荷，N；

　　　n_1, n_2——试样中双层、单层蜂壁数；

　　　d, c——试样中双层、单层蜂壁边长，mm；

　　　t_s——单层蜂壁厚度，mm。

② 蜂壁压缩弹性模量按式（6-9）计算：

$$E_s = \frac{h_C \Delta P}{(2n_1 d + n_2 c) t_s \Delta h_C} \tag{6-9}$$

式中　E_s——蜂壁压缩弹性模量，MPa；

　　　ΔP——载荷-变形曲线上直线段的载荷增量值，N；

　　　h_C——芯子试样厚度，mm；

　　　Δh_C——对应于 ΔP 的压缩变形增量值，mm；

　　　n_1, n_2——试样中双层、单层蜂壁数；

　　　d, c——试样中双层、单层蜂壁边长，mm；

　　　t_s——单层蜂壁厚度，mm。

6.4.5 影响因素分析

(1) 试验装置对结果的影响　虽然放置在球形支座上，经过仔细调整，但难以保证与加载方向垂直，对结果影响较大。由于上、下压块平面不垂直加载方向或试样厚度不均匀，经常出现试样受载不均匀，产生局部压塌现象，所以调整球形支座是非常关键的。

(2) 变形测量方法对结果的影响　用装在试验装置上的上、下压块之间的千分表或引伸计来测量变形。由于压块不平行或试样厚度不均匀，虽然尽力调整球形支座，仍然难以保证两侧变形相同，可采取两侧变形值取平均值作为总变形量。

上述测变形的方法，实际是测量试样的压缩总量，计算其弹性模量将产生较大误差，同时试样存在端部效应，试样各部位的变形不一致，要真实反映其弹性模量，应将引伸计或千分表装在试样厚度的 2/3 处，但实际操作很困难，应采用更为先进的游丝显微镜或光点镜式引伸计，提高测量精度。

(3) 加载速度对结果的影响　夹层结构或芯子的平压强度随着加载速度的增加而缓慢增加，但各种标准对平压试验的加载速度规定不一致，应严格按所采用的试验标准要求的加载速度进行试验，有利于进行结果的分析。

对泡沫塑料，由于边缘比较整齐，试样尺寸对结果影响较小，对蜂窝芯材，试样边长对平压强度略有影响，平压强度随着试样边长的增加而略有增加，试样边缘边长与尺寸的比例有关，蜂格边缘的蜂格被破坏，降低了承压能力。

夹层结构或芯子试样厚度对平压强度有一定的影响，平压强度随着试样厚度的增加而降低，对弹性模量的影响较为复杂，端部效应的影响由于材料的不同而不一样。泡沫塑料的影响不明显，蜂窝材料，厚度越大，端部效应的影响越小，弹性模量增大并趋向稳定。

(4) 蜂窝壁的平压强度和弹性模量与芯材的平压强度和弹性模量的比较　对蜂窝等格子型芯材，承受载荷的是蜂窝壁，蜂格边长和壁厚起决定性作用，蜂窝壁的平压强度和弹性模量更能反映蜂窝等格子型芯材的抗压缩能力。而芯材的平压强度和弹性模量，只有在相同的蜂格边长和制造工艺条件下，才更具有可比性。

6.5　夹层结构的平拉性能试验

芯材及其制成的夹层结构的平面拉伸性能，是考验芯材及夹层结构性能的一项重要指标。

相关标准：GB/T 1452—2005 夹层结构平拉强度试验方法；ASTM C297—2010 Standard Test Methods for Flatwise Tensile Strength of Sandwich Constructions。

6.5.1　基本原理

芯材及夹层结构的平面拉伸性能，是将试样平面黏结在两个金属加载块之间，沿垂直于试样的平面方向施加拉伸载荷，测其破坏载荷。破坏模式有四种：①当拉伸破坏出现在芯材内部时，结果反映出芯材的拉伸性能。②当拉伸破坏出现在芯材与面板之间时，结果反映出夹层结构芯子与面板的粘接质量。③当拉伸破坏出现在试样与金属块之间时，为无效的。④当拉伸破坏出现在面板内部时，检测其面板的粘接质量。

6.5.2　试验设备与装置

① 精度达到±1.0％的任何材料试验机，均可使用。

② 试验夹具采用带有万向节的 T 形夹头，有利于对中调节。试验夹具见图 6-4。

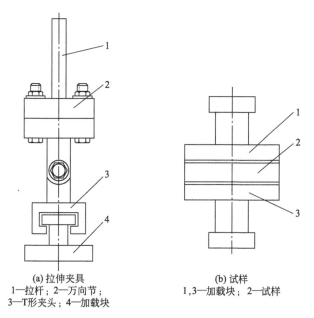

(a) 拉伸夹具
1—拉杆；2—万向节；
3—T 形夹头；4—加载块

(b) 试样
1,3—加载块；2—试样

图 6-4 平面拉伸试验夹具的示意图

6.5.3　试样

　　夹层结构或芯材的平拉试样为 60mm×60mm 的正方形或直径为 60mm 的圆形，或至少包括 4 个完整的格子。厚度与夹层结构制品厚度相同，而国外通常采用的尺寸约为 50mm 的正方形。

6.5.4　试样制备

　　(1) 切割加工　夹层结构或芯材试样的剪取与平压试样一样。用于平面拉伸的夹层结构试样从夹层结构平板上切割，可加工方形或圆形。方形试样加工相对容易，效率高，圆形试样加工较为困难。注意：试样加工时不能产生边缘剥离，不能用除了水以外的其他冷却液，试样加工完成后，应尽快对试样进行干燥处理，以去除加工过程中带入的水分。

　　(2) 试样粘接及固化　将加载块用吹砂或用砂纸打磨等方法进行处理，试样用砂纸打磨，再用丙酮或汽油等溶剂擦洗干净。用胶黏剂将试样粘接在加载块上。最好采用相应的固定夹具，然后进行固化。注意：①固化工程中，试样应始终保持对齐。②选择胶的强度应高于夹层结构的粘接强度，其固化条件（压力、温度等）应低于夹层结构的成型工艺条件，最好在室温或略高于室温条件下固化。

对芯材试样的粘接应注意涂胶量。胶量过少，则粘接不牢靠；胶量过多，易流进蜂格内，提高其强度。

选择与试样匹配的加载块，其刚度、平行度要满足要求，厚度要大于试样厚度。试样与加载块粘接成一个整体，粘接位移小于 0.3mm，加载块应定期加工表面，保证平整。

6.5.5　试验概述及注意事项

将拉伸试验夹具安装在试验机上，将粘接好的试样装到试验夹具上，整个系统调节好，使其对中又能活动自如。

施加载荷，直至试样破坏，观察破坏模式。破坏产生在试样与加载块之间，则试验无效，应重新做。

6.5.6　结果计算

(1) 平拉强度　按式（6-10）计算：

$$\sigma_t = \frac{P}{F} \tag{6-10}$$

式中　σ_t——平压强度，MPa；

　　　P——破坏载荷，N；

　　　F——试样横截面积，mm^2。

(2) 平拉线强度　当蜂窝等格子型夹层结构拉伸破坏出现在芯材与面板之间时，应计算平拉线强度。所谓平拉线强度，指蜂格等格子型芯材单位面积内格孔总边长所承受的拉力。

平拉线强度按式（6-11）计算：

$$\sigma_a = \frac{\sigma_t}{L_a} \tag{6-11}$$

式中　σ_a——平拉线强度，MPa/mm；

　　　σ_t——平压强度，MPa；

　　　L_a——单位面积粘接边长度，mm。

6.5.7　影响因素分析

(1) 试样形状　试样形状对平拉强度的影响很小。对分散性有所影响，方形试样的数据分散性小，圆形试样的分散性较大，可能由于圆形试样的边缘的格孔切割不整齐而造成的。

(2) 蜂格边长　同种材料的不同蜂格边长，平拉强度不同。随着蜂格边长的增加，平拉强度随之降低（见图 6-5 平拉强度 σ 与蜂格边长 C 的关系曲线），但不同蜂格边长的平拉线强度却基本不变，这说明平拉线强度具有可比性。而平拉强度，只有在同种材料、相同蜂格边长的条件，具有可比性。

（3）加载速度 平拉强度随着加载速度的增加而略有增大，应严格控制加载速度，使其平拉强度具有可比性。对人工介质材料的平拉强度主要取决于粘接质量。

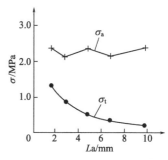

图 6-5 平拉强度 σ 与蜂格边长 L_a 的关系曲线

6.6 夹层结构的侧压试验

本节讨论蜂窝等格子型芯材夹层结构侧压性能试验方法，该试验是确定夹层结构承载能力的重要指标。

相关标准：GB/T 1454—2005 夹层结构侧压性能试验方法；ASTM C364/C364M—2012 Standard Test Methods for Edgewise Compressive Strength of Sandwich Constructions。

6.6.1 基本原理

夹层结构的压缩试验按加载方向的不同可分为平面压缩和侧面压缩两种。本节讨论侧面压缩（亦称侧压），指平行于试板表面方向施加载荷。检测夹层结构及其面板的侧压强度、弹性模量及泊松比的方法。

6.6.2 试样

① 试样厚度一般为夹层结构制品的厚度。当制品厚度未定时，芯子厚度取 15mm，面板厚度取 0.5mm～1.0mm。

② 试样宽度为 60mm，对蜂窝、波纹等格子型试样，还可采用宽度方向上至少 4 个完整的格子。

③ 试样总高度 $H'=H+2d$，支承高度 d 为 10mm～20mm，试样 H 应不大于厚度的 10 倍，一般采用以下比例：$h:b:H=1:4:6$。

④ 对于各向异性的夹层结构，试样应分为纵向和横向两种，平行度与垂直度有相应的要求。

⑤ 试样的加载端面等重要部位应给出相应的形位公差要求。

6.6.3 试样装置

① 试验机应符合 GB/T 1446—2005 第 5 章的规定，一般而言，精度为 ±1.0% 的任何材料试验机均可使用。

② 试验夹具如图 6-6 所示。

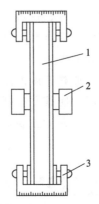

图 6-6　侧压试验夹具示意图

1—试样；2—变形计；3—支承夹具

6.6.4　试验概述及注意事项

(1) 侧压强度的测量　将试样两端装在支承夹具上，轻旋上螺钉，放在试验机的球形支座上，使试样中面受压，调整试验机零点，施加载荷，直至破坏，并观察记录其破坏形式。

有明显内部缺陷或端部挤压破坏的试样作废，有效试样不足时，应作补充试验。

(2) 侧压模量和泊松比的测量　将试样未支承部分两侧对称地装上变形计，安装到试验机上，调整球形支座，施加初载，调整变形计的零点，再施加一定的载荷，观察两边的变形计指示是否一致。如不对称，重新调整球形支座，使两边的变形计指示基本一致。采取连续或分级加载，记录载荷增和变形量或绘制载荷-变形曲线。

6.6.5　计算

(1) 夹层结构侧压强度　按式（6-12）计算：

$$\sigma_b = \frac{P_b}{bh} \tag{6-12}$$

式中　σ_b——夹层结构侧压强度，MPa；

P_b——破坏载荷，N；

b——试样宽度，mm；

h——试样厚度，mm。

(2) 夹层结构侧压弹性模量　按式（6-13）计算：

$$E = \frac{L\Delta P}{bh\Delta L} \tag{6-13}$$

式中　E——夹层结构侧压弹性模量，MPa；

L——变形计的标距，mm；

b——试样宽度，mm；

h——试样厚度，mm。

ΔP ——载荷-变形曲线的初始直线段的载荷增量值，N；

ΔL ——对应于 ΔP 标距内的变形增量值，mm。

(3) 泊松比　按式（6-14）计算：

$$\mu = \frac{L_1 \Delta L_2}{L_2 \Delta L_1} \qquad (6\text{-}14)$$

式中　　μ——夹层结构或面板的泊松比；

L_1，L_2——纵向、横向变形计的标距，mm；

ΔL_1，ΔL_2——对应于标距 L_1 和 L_2 的变形增量值，mm。

6.6.6　影响因素分析

(1) 侧压破坏的模式　当沿着夹层结构试样面板方向施加载荷，试样开始变形，面板出现弯曲、波纹和折断等，侧压破坏的几种情况如图 6-7 所示。

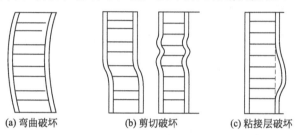

(a) 弯曲破坏　　　　(b) 剪切破坏　　　　(c) 粘接层破坏

图 6-7　侧压破坏的模式

非正常破坏可能由于端面不平行、试样过长或厚度太小产生的。

(2) 侧压夹具　安装试验用侧压夹具非常重要。拧紧螺丝使垫块夹紧试样，但不可过紧或过松。过紧，则可能试样与夹具不到位；过松，则夹具易脱落，试验失败。放在球形支座上的方形夹具，应仔细调节对中，毕竟难以保证完全准确，因此，易产生较大误差，测试结果偏低。

测量变形的夹具，无论采用杠杆引伸计，还是其他测量变形方式，其安装要求很高，但难以保证，对试验结果产生较大误差。当试样出现异常变形时，测量结果也出现异常。应注意分析，选用合适的测量方式，并尽可能保证两边的变形基本一致。

(3) 试样的端面　试样端面的平行度、垂直度对侧压强度影响很大。如果平行度、垂直度较差，易产生非正常变形，其结果明显偏低。因此对试样的要求很严格，要求两端面平行且与侧面垂直，端面平滑，不允许损伤，避免出现端部边缘破坏或非正常破坏模式。

6.7　夹层结构或芯子剪切性能试验

本节的剪切性能试验适用于金属或非金属蜂窝、泡沫塑料和人工介质等芯材或夹层结构的剪切强度、比例极限和芯子的剪切弹性模量的测试。

相关标准：GB/T 1455—2005 夹层结构或芯子剪切性能试验方法；ASTM C273/C273M—2011 Standard Test Methods for Shear Properties of Sandwich Core Materials。

6.7.1　基本原理

通过对与试样粘接的金属加载块施加拉伸或压缩载荷，沿夹层结构面板方向对芯子产生平面剪切，从而测得芯子的剪切强度。当安装变形计，测出二面板或二加载钢板的相对位移后，则可测出芯子的剪切弹性模量。其破坏模式有：①芯材剪切破坏。②芯材与面板之间的粘接破坏。③夹层结构或芯材与加载块之间的粘接破坏，这是无效的。

6.7.2　试验装置

① 试验机应符合 GB/T 1446—2005 第 5 章的规定，一般而言，精度为±1.0% 的任何材料试验机均可使用。

② 剪切试验夹具分为两种，拉剪和压剪。拉剪试验夹具示意见图 6-8，压剪试验夹具示意见图 6-9。

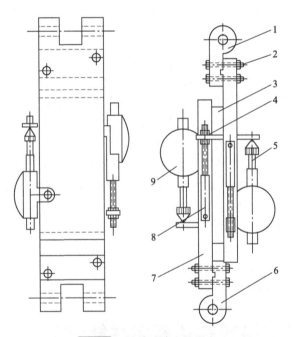

图 6-8　拉剪试验夹具示意

1,6—拉伸加载头；2,7—加载金属板；3—试样；4,8—变形测量附件；5,9—变形计

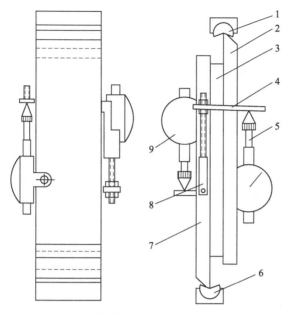

图 6-9 压剪试验夹具

1,6—压头垫块；2,7—加载金属板；3—试样；4,8—变形测量附件；5,9—变形计

③ 加载块厚度一般为 15mm，拉剪方式，通过万向节的拉伸夹头对加载金属板施加载荷。压剪方式，加载的一端加工成 45°剪角，并与垫块的开槽接触，都要求载荷的作用线不超过并尽量接近试样的对角线。加载金属板预先钻好螺丝孔，以便安装变形计及附件，应尽量使变形计的固定位置在同一水平面上。

6.7.3 试样

① 试样的厚度为制品的厚度。长度大于或等于 12 倍的厚度，当夹层结构制品厚度未定时，厚度为 12mm，面板厚度小于 1mm，长度取 150mm，试样宽度为 60mm。对格子型芯材，宽度为 60mm 或至少包括 4 个完整的格子。

② 对各向异性的芯子，应分纵向和横向两种。

6.7.4 试样制备

制备芯材或夹层结构的试样。将夹层结构的试样和加载板的粘接面打磨，用溶剂清洗，然后将试样粘在两加载板之间，放置在固定夹具内，并施加适当的压力，使粘接层均匀固化。注意事项：①保证试样与金属板的相对位置，不加载端比试样长 5mm。②选用合适的胶黏剂，要具有足够的强度，胶结应在室温下固化，如果需要在高温条件下固化，则粘接固化的温度应至少比夹层结构成型温度低 30℃。

6.7.5 试验概述及注意事项

(1) 剪切强度的测量 将试样及试验夹具组合件安装在试验机上，首先进行预加载，一般情况下，预加载的载荷不应超过其破坏载荷的 50%，预加载完成后卸载。调整试验机的零点，根据选用的标准，按规定的加载速度对试样施加拉伸或压缩载荷，均匀加载直至试样破坏，记录破坏载荷，并观察破坏形式。如果破坏出现在试样与金属板之间，应予作废，同批有效数据不足 5 个，应另取试样补充或者重新做试验。

(2) 剪切弹性模量的测量 将变形测量装置安装到金属板的两侧，将整个组件安装于试验机上，调整试验机和变形测量装置，施加一定的拉或压初载荷。然后进行预加载，一般情况下，预加载的载荷不应超过其破坏载荷的 50%，观察两侧变形的读数是否一致，如不一致应进行调整，预加载完成后卸载至初载。调整变形测量装置的零点。按规定的加载速度，施加分级或连续载荷。记录各级载荷和变形值，也可绘制载荷-变形曲线。

6.7.6 结果计算

(1) 剪切应力 按式（6-15）计算：

$$\tau_C = \frac{P}{Lb} \tag{6-15}$$

式中 τ_C——剪切应力，MPa；

P——破坏载荷或比例极限载荷，N；

L, b——试样的长度、宽度，mm。

(2) 芯子剪切弹性模量 按式（6-16）、式（6-17）计算：

① 夹层结构试样

$$G_C = \frac{(h - 2t_f)}{Lb} \times \frac{\Delta P}{\Delta h_C} \tag{6-16}$$

式中 G_C——芯子剪切弹性模量，MPa；

h——试样厚度，mm；

t_f——面板厚度，mm；

L, b——试样的长度、宽度，mm。

ΔP——载荷-变形曲线上直线段的载荷增量值，N；

Δh_C——对应于 ΔP 的剪切变形增量值，mm。

② 芯子试样

$$G_C = \frac{h_C}{Lb} \times \frac{\Delta P}{\Delta h_C} \tag{6-17}$$

式中　　G_C——芯子剪切弹性模量，MPa；

　　　　h_C——试样厚度，mm；

　　　　ΔP——载荷-变形曲线上直线段的载荷增量值，N；

　　　　L，b——试样的长度、宽度，mm。

　　　　Δh_C——对应于 ΔP 的剪切变形增量值，mm。

6.7.7　影响因素分析

（1）试样厚度　试样厚度对试验结果有明显的影响。由于试样存在一定的厚度，不论是拉剪还是压剪，必然存在转矩的作用，使试样产生偏转，依靠试样的本身的反作用力来抵消，同时切应力也不在同一平面上。试样越厚，这种转矩就越大，其剪切性能降低越大，因此只有在采用同样的厚度、格孔边长、材料的试样条件下，其结果具有可比性。也可选用较长的试样，以减小转矩的影响。

（2）加载速度　加载速度对剪切性能有明显的影响，随着加载速度的增加，试样的剪切强度和剪切弹性模量也增加。因此应严格控制加载速度。

（3）夹层结构和芯子试样　两种试样对剪切强度影响不大，但对剪切模量影响较大。由于夹层结构作芯子的剪切模量是一种复合模量，虽然面板的弹性模量远大于芯子的模量，但毕竟要对结果产生一定的影响，实际是一个近似值。用芯子试样时，需要把芯子粘在金属板上，涂胶量需要控制，涂胶量少，容易从粘接面破坏，涂胶量多时，胶液易进入格孔，产生增强作用，同时减少了试样的有效厚度，间接地提高其剪切弹性模量。

6.8　夹层结构弯曲性能试验

夹层结构弯曲性能试验方法，适用于金属或非金属蜂窝、波纹和泡沫塑料夹层结构、面板及芯子的剪切性能、弯曲性能及粘接强度的测试。

相关标准：GB/T 1456—2005 夹层结构弯曲性能试验方法；ASTM C393/C393M—2011 Standard Test Methods for Flexural Properties of Sandwich Constructions。

6.8.1　基本原理

夹层结构的弯曲试验是在夹层结构试样水平放置在两个下支座上，在试样的中部施加载荷，形成对夹层结构试样弯曲加载。通过夹层结构长梁试样的三点弯曲试验测定面板的弯曲强度，通过夹层结构短梁试样的三点弯曲测定芯子的剪切强度，通过夹层结构长梁试样的外伸梁三点弯曲测定弯曲刚度和剪切刚度，从而测定面板的弹性模量和芯子的剪切模量。

从加载形式上考虑，夹层结构的弯曲试验的加载方式可以分为三点弯曲和四点弯曲。可以测量芯子的剪切强度、面板的剪切强度和粘接强度。可以通过外伸式弯曲试验，测量夹层结构的弯曲刚度和剪切刚度，以及面板和芯子的剪切模量。

弯曲试验主要破坏模式有：①下面板拉伸破坏；②上面板压缩破坏；③芯材剪切破坏；④夹层结构与芯材之间粘接层开裂破坏；⑤面板层分层破坏；⑥加载点附近局部失效，这种失效模式由加载点与试样接触造成，是无效破坏模式，应设法避免。

6.8.2 试验设备及装置

(1) 试验机精度要求 试验机应符合 GB/T 1446—2005 第 5 章的规定，一般而言，精度为±1.0% 的任何材料试验机均可使用。

(2) 试验装置 三点弯曲试验装置见图 6-10，加载块、硬橡胶垫片和垫块均按标准要求。外伸梁三点弯曲试验装置见图 6-11。

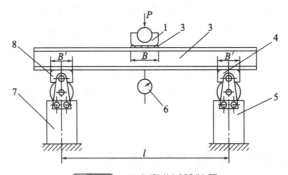

图 6-10 三点弯曲试验装置
1—加载压头垫块；2—橡胶垫片；3—试样；4,8—支座垫块；
5,7—支座；6—位移传感器

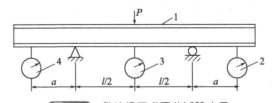

图 6-11 外伸梁三点弯曲试验夹具
1—试样；2,4—外伸点的位移传感器；3—跨中点的位移传感器
l/2—跨距；a—外伸臂长度；

(3) 跨距的选取

① 测定芯子剪切强度时，三点弯曲试验夹具（见图 6-10）的跨距应满足

式（6-18）：

$$L \leqslant \frac{2\sigma_f t_f}{\tau_{cb}} \qquad (6\text{-}18)$$

式中　L——跨距，mm；

　　　σ_f——面板的拉、压许用应力，MPa；

　　　τ_{cb}——芯子的剪切强度，MPa；

　　　t_f——面板厚度，mm。

测定面板强度时，三点弯曲试验夹具的跨距应满足式（6-19）：

$$L \geqslant \frac{2\sigma_{fb} t_f}{\tau_C} \qquad (6\text{-}19)$$

式中　L——跨距，mm；

　　　t_f——面板厚度，mm。

　　　σ_{fb}——面板强度，MPa；

　　　τ_C——芯子的剪切许用应力，MPa。

② 测定夹层结构弯曲刚度、剪切刚度时，采用三点外伸式弯曲试验夹具（见图6-11）的跨距一般取式（6-18）中等式值，外伸梁长度为跨距的1/3或1/2。

6.8.3　试样

① 试样的厚度与夹层结构的厚度相同。当制品厚度未定时，测芯子的剪切性能，芯子厚度取15mm，面板厚度取0.3mm～1.0mm。

② 试样宽度一般为60mm，对格子型芯子，还可以取至少包括4个完整的格子。

③ 试样长度为跨距L加上40mm或1/2的厚度，选其中数值较大者。

④ 对于正交异性的夹层结构，试样应分纵向和横向两种。

6.8.4　试验概述及注意事项

下面讨论基于三点弯曲试验方法，测量刚度时，需要利用三点弯曲外伸梁法。

① 将试验装置安装到试验机上，选择好跨距，调整支座，跨距中部安装变形测量装置，外伸梁三点弯曲试验，需安装3个变形测量装置。

② 测定强度时，将试样安装在弯曲装置的支座上，放上加载块、橡胶垫片，调整试验机的零点，按规定的速度加载，直至破坏，并观察破坏方式。注意：如出现载荷示值下降或停顿，则此时的载荷示值作为破坏载荷。

③ 测定刚度和弹性模量。首先施加预载荷，消除试样与垫块、支座间的间

隙，调整变形测量装置，尽可能读数一致，然后卸载，分级或连续加载，记录过程中的载荷以及变形。注意：所加载荷一般不超过破坏载荷的 50%。如需测试整个载荷-变形曲线，则应测至破坏，记录过程中的载荷与变形。

6.8.5 结果计算

(1) 芯子的剪切应力 按式（6-20）计算：

$$\tau_{\mathrm{C}} = \frac{PK}{2b(h - t_{\mathrm{f}})} \tag{6-20}$$

式中 τ_{C}——芯子剪切应力，MPa；

　　P——跨中载荷，N；

　　t_{f}——面板厚度，mm；

　　b——试样宽度，mm；

　　h——试样厚度，mm；

　　K——常数，无量纲。

如果不计及面板承受剪力，式（6-20）中可取 $K = 1$，当计及面板承受剪力时，K 按照式（6-21）计算：

$$K = 1 - \mathrm{e}^{-A} \tag{6-21}$$

式中 e——自然对数的底数；

　　A——无量纲系数，A 的确定方法按式（6-22）：

$$A = \frac{l}{4t_{\mathrm{f}}} \sqrt{\frac{6G_{\mathrm{C}}(h - t_{\mathrm{f}})}{E_{\mathrm{f}} t_{\mathrm{f}}}} \tag{6-22}$$

式中 E_{f}——面板弹性模量，MPa；

　　G_{C}——芯子剪切模量，MPa。

当 P 为破坏载荷、破坏发生在芯子时，按式（6-20）计算的结果为芯子剪切强度。当 P 为破坏载荷、面板与芯子脱胶时，按式（6-20）计算的结果为粘接剪切强度。当 P 为比例极限载荷时，则式（6-20）计算的结果为芯子剪切比例极限。

(2) 面板应力 按式（6-23）计算：

$$\sigma_{\mathrm{f}} = \frac{PL}{4bt_{\mathrm{f}}(h - t_{\mathrm{f}})} \tag{6-23}$$

式中 σ_{f}——面板中的拉、压应力，MPa；

　　L——跨距，mm；

　　t_{f}——面板厚度，mm；

　　P——跨中载荷，N；

　　b——试样宽度，mm；

　　h——试样厚度，mm。

当 P 为破坏载荷，并且发生面板拉断或压缩皱折等破坏现象，则式（6-23）计算的夹层结构弯曲时面板的强度。

（3）夹层结构弯曲刚度　按式（6-24）计算：

$$D = \frac{l^2 a \Delta P}{16 \Delta f_1} \qquad (6\text{-}24)$$

式中　D——夹层结构的弯曲刚度，$N \cdot mm^2$；

　　　a——外伸臂长度，mm；

　　ΔP——载荷-挠度曲线初始段的载荷增量值，N；

　　Δf_1——对应 ΔP 的外伸点的挠度增量值，mm。

（4）面板的弹性模量　按式（6-25）计算：

$$E_f = \frac{D}{J} \qquad (6\text{-}25)$$

式中　E_f——面板的弹性模量，MPa；

　　　D——夹层结构的弯曲刚度，$N \cdot mm^2$；

　　　J——夹层结构惯性矩，mm^4；夹层结构惯性矩：

$$J = \frac{(h^3 - h_C^3)b}{12(1 - \mu_f^2)}$$

式中　h_C——试样中芯子厚度，mm；

　　　μ_f——面板的泊松比。

（5）夹层结构剪切刚度　按式（6-26）计算：

$$U = \frac{l \Delta P}{4(\Delta f - \frac{l}{3a} \Delta f_1)} \qquad (6\text{-}26)$$

式中　U——夹层结构剪切刚度，N；

　　　l——跨距，mm；

　　　a——外伸臂长度，mm；

　　ΔP——载荷-挠度曲线初始段的载荷增量值，N；

　　Δf——对应 ΔP 的跨距中点的挠度增量值，mm。

　　Δf_1——对应 ΔP 的外伸点的挠度增量值，mm。

（6）芯子的剪切模量　按式（6-27）计算：

$$G_C = \frac{U}{b(h - t_f)} \qquad (6\text{-}27)$$

式中　G_C——芯子的剪切模量，MPa；

　　　U——夹层结构剪切刚度，N；

　　　b——试样宽度，mm；

　　　h——试样厚度，mm；

　　　t_f——面板厚度，mm。

6.8.6 影响因素分析

(1) 弯曲加载方式 三点弯曲，可以在夹层结构的芯子中产生最大的正应力，适合于测定芯子的剪切强度和芯材与面板之间的粘接强度。测定剪切强度时，为减少由弯曲产生的正应力，应选用小跨距。三点弯曲外伸梁试验，适用于夹层结构的弯曲刚度、剪切刚度和芯子的剪切模量，测量精度高，但变形测量操作复杂。

四点弯曲，在两个上加载点之间部分为纯弯曲状态，面板只承受正应力，适合于测定夹层结构的弯曲强度和弯曲刚度，但为了避免上支点外剪切破坏以及加载点局部破坏，应选用大跨距。

(2) 夹层结构芯子厚度 芯子的厚度对夹层结构的弯曲刚度和剪切刚度影响较大，随着芯子厚度的增加而增大，但对芯材的剪切模量影响很小。

(3) 面板厚度 面板厚度对夹层结构的弯曲刚度、剪切刚度和芯子的剪切模量影响较大。夹层结构的弯曲刚度、剪切刚度随着面板厚度的增加而增大。

6.9 夹层结构滚筒剥离试验

夹层结构滚筒剥离试验，适用于金属、非金属蜂窝、泡沫和人工介质等夹层结构中面板与芯子间粘接的剥离强度的测试。

相关标准：GB/T 1457—2005 夹层结构滚筒剥离强度试验方法；ASTM D1781—1998（2012）Standard Test Methods for Climbing Drum Peel for Adhesives。

6.9.1 基本原理

用带凸缘的筒体从夹层结构中剥离面板的方法来测定板与芯子粘接的抗剥离强度。面板的一头连接在筒体上，一头连接上夹具，凸缘连接加载带，拉伸加载带时，筒体向上滚动，从而把面板从夹层结构中剥离开。凸缘上的加载带与筒体上的面板相差一定距离，夹层结构滚筒剥离强度实为面板与芯子分离的单位宽度上的抗剥离力矩。

试样破坏的模式有：①粘接层开裂；②芯子撕裂；③面板层断裂；④混合开裂等。

6.9.2 试验装置

① 试验机应符合 GB/T 1446—2005 第 5 章的规定，一般而言，精度为 $\pm 1.0\%$ 的任何材料试验机均可使用；

② 滚筒试验夹具示意如图 6-12 所示,滚筒直径为 100mm±0.10mm,滚筒外缘直径为 125 mm±0.10mm,滚筒用铝合金材料制作,质量不超过 1.5kg;

③ 滚筒应沿轴平衡,用加工减轻孔或平衡块的方法来平衡。

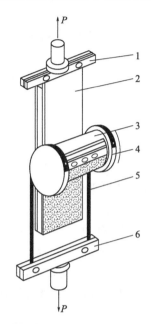

图 6-12 滚筒试验夹具示意

1—上夹具;2—试样;3—滚筒;4—凸缘;5—钢带;6—下夹具示意

6.9.3 试样

① 试样形状如图 6-13 所示,厚度与夹层结构制品厚度相同,当制品厚度未确定时,可以取厚度 20mm。ASTM D1781 规定蜂窝芯厚度为 0.5in～0.625in。面板厚度应小于或等于 1mm。

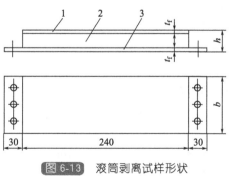

图 6-13 滚筒剥离试样形状

1—面板;2—芯子;3—被剥离面板

② 试样宽度一般为 60mm。对于蜂窝或波纹等格子型芯子，当格子边长或波距较大时（蜂格大于 8mm，或波距大于 20mm），试样宽度为 80mm，但应考虑滚筒的尺寸。ASTM D1781 规定试样宽 3in。

③ 试样有效长度为 240mm。

④ 对各向异性夹层结构，试样应分纵向和横向。

⑤ 试样采取机械加工法制备。应避免产生撕裂、分层等加工缺陷。加工时可采用水冷却，加工完成后，应烘干去除试样内部水分。加热温度应注意比试样成型温度低至少 30℃。

6.9.4 试验概述

① 将试样安装在滚筒夹具上，将组合好的试样及夹具连接到试验机上，调整试验机的零点，按规定的加载速度加载，开始剥离。

② 用自动绘图仪记录载荷-剥离距离曲线。如无自动记录装置，在开始施加载荷 5s 后，按一定的时间间隔读取载荷。试验过程中，应不少于 10 个读数。

③ 试样被剥离到 50mm～200mm 时，卸载，使滚筒回到未剥离前的初始位置，记录破坏形式。如面板无损伤，则重复剥离，记录抗力载荷。如面板有损伤（有明显可见发白和裂纹），应采用空白试验用的面板试样进行剥离，记录抗力载荷。

6.9.5 结果计算

(1) 平均剥离强度 按式（6-28）计算：

$$\overline{M} = \frac{(P_b - P_0)(D - d)}{2b} \tag{6-28}$$

式中　$\overline{M}$——平均剥离强度，N·mm/mm；

　　　P_b——平均剥离载荷，N；

　　　P_0——抗力载荷，N；

　　　D——滚筒凸缘直径，mm；

　　　d——滚筒直径，mm；

　　　b——试样宽度，mm。

(2) 最小剥离强度 按式（6-29）计算：

$$M_{min} = \frac{(P_{min} - P_0)(D - d)}{2b} \tag{6-29}$$

式中　　　M_{min}——最小剥离强度，N·mm/mm；

　　　　　P_{min}——最小剥离载荷，N；

　　　　　P_0——抗力载荷，N；

D ——滚筒凸缘直径，mm；

d ——滚筒直径，mm；

b ——试样宽度，mm。

6.9.6 影响因素分析

（1）空剥试验 空剥试验所得到的剥离力包括装置的自重阻力和面板自身的抗弯阻力。一种方法是把剥离过的面板再重复剥离一次，面板的抗剪能力下降，使剥离强度偏高。对柔性好的面板，其影响较小。对刚性大的面板，其影响较大。另一种方法，采用夹层结构同样的面板在未粘接之前进行剥离试验，或夹层结构试样下端留出一段没有芯子的试样，进行剥离试验，这样其结果较为准确，而 ASTM D1781 则要求用 0.20mm～0.25mm 厚、刚度忽略不计的柔性织物代替试样进行空剥。

（2）试验装置 试验装置对不同剥离强度的夹层结构的影响不同。如果试样的剥离强度较高，滚筒的重量的影响较小。如果试样的剥离强度较低，则滚筒的重量所带来的误差较大。

（3）剥离速度 剥离速度随着加载速度的增大而增加。严格控制加载速度，进行剥离试验时，电子计算机会自动地绘制出剥离曲线，剥离强度试验的典型曲线见图 6-14。

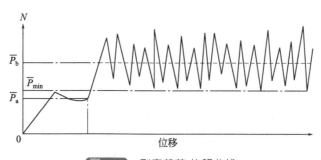

图 6-14 剥离载荷-位移曲线

7

相关标准

GB 1463—2005 纤维增强塑料密度和相对密度试验方法

GB 3139—2005 纤维增强塑料导热系数试验方法

GB 5259—1985 预浸料凝胶时间试验方法

GB/T 1033.1—2008 塑料非泡沫塑料密度的测定 第1部分：浸渍法、液体比重瓶法和滴定法

GB/T 1033.2—2010 塑料非泡沫塑料密度的测定 第2部分：密度梯度柱法

GB/T 1033.3—2010 塑料非泡沫塑料密度的测定 第3部分：气体比重瓶法

GB/T 1446—2005 纤维增强塑料性能试验方法总则

GB/T 1447—2005 纤维增强塑料拉伸性能试验方法

GB/T 1448—2005 纤维增强塑料压缩性能试验方法

GB/T 1449—2005 纤维增强塑料弯曲性能试验方法

GB/T 1452—2005 夹层结构平拉强度试验方法

GB/T 1453—2005 夹层结构或芯子平压性能试验方法

GB/T 1454—2005 夹层结构侧压性能试验方法

GB/T 1455—2005 夹层结构或芯子剪切性能试验方法

GB/T 1456—2005 夹层结构弯曲性能试验方法

GB/T 1457—2005 夹层结构滚筒剥离强度试验方法

GB/T 1463—2005 纤维增强塑料密度和相对密度试验方法

GB/T 1464—2005 夹层结构或芯子密度试验方法

GB/T 2567—2008	树脂浇铸体性能试验方法
GB/T 2572—2005	纤维增强塑料平均线膨胀系数试验方法
GB/T 2577—2005	玻璃纤维增强塑料树脂含量试验方法
GB/T 3140—2005	玻璃钢平均比热容试验方法
GB/T 3354—1999	定向纤维增强塑料拉伸试验方法
GB/T 3355—2005	纤维增强塑料纵横剪切试验方法
GB/T 3356—2005	纤维增强塑料弯曲试验方法
GB/T 3362—2005	碳纤维复丝拉伸性能试验方法
GB/T 3364—2008	碳纤维直径和根数试验方法
GB/T 3365—2005	碳纤维增强塑料孔隙含量和纤维体积含量试验方法（显微镜法）
GB/T 3855—2005	碳纤维增强塑料树脂含量试验方法
GB/T 3856—2005	单向纤维增强塑料平板压缩试验方法
GB/T 3961—2009	纤维增强塑料术语
GB/T 5260—1985	预浸料树脂流动度试验方法
GB/T 5258—1995	纤维增强塑料薄层板压缩性能试验方法
GB/T 6503—2008	化学纤维 回潮率试验方法
GB/T 7192—1987	预浸料树脂含量试验方法
GB/T 7690.5—2001	增强材料纱线试验方法 第5部分：玻璃纤维直径的测定
GB/T 7690.1—2001	增强材料纱线试验方法 第1部分：线密度的测定
GB/T 12007.7—1989	环氧树脂凝胶时间测定方法
GB/T 12007.6—1989	环氧树脂软化点测定方法：环球法
GB/T 21239—2007	纤维增强塑料层合板冲击后压缩性能试验方法
HB 5485—1991	碳纤维增强树脂基复合材料薄板压缩性能试验方法
HB 6740—1993	碳纤维复合材料开孔拉伸试验方法
HB 6741—1993	碳纤维复合材料开孔压缩试验方法
HB 7071—1994	碳纤维复合材料层合板边缘分层拉伸试验方法
HB 7237—1995	复合材料层合板面内剪切试验方法
HB 7402—1996	碳纤维复合材料层合板 I 型层间断裂韧性 GIC 试验方法
HB 7403—1996	碳纤维复合材料层合板 II 型层间断裂韧性 GIIC 试验方法
JC/T 773—2010	纤维增强塑料：短梁法测定层间剪切强度（取代原 GB/T 3357—1982 纤维增强塑料短梁剪切试验方法）

JC/T 781—2006	**蜂窝型芯子胶条分离强度试验方法** （原 GB/T 10702-1989）
ASTM C 177—2010	Standard Test Method for Steady-State Heat Flux Measurements and Thermal Transmission Properties by Means of the Guarded-Hot-Plate Apparatus
ASTM C 271—2011	Standard Test Method for Density of Sandwich Core Materials
ASTM C 273/C273M—2011	Standard Test Method for Shear Properties of Sandwich Core Materials
ASTM C 297—2010	Standard Test Method for Flatwise Tensile Strength of Sandwich Constructions
ASTM C 363—2009	Standard Test Method for Delamination Strength of Honeycomb Core Materials
ASTM C 364/C364M—2012	Standard Test Method for Edgewise Compressive Strength of Sandwich Constructions
ASTM C 365—2011	Standard Test Method for Flatwise Compressive Properties of Sandwich Cores
ASTM C 393/C393M—2011	Standard Test Method for Flexural Properties of Sandwich Constructions
ASTM C 518-2010	Standard Test Method for Steady-State Thermal Transmission Properties by Means of the Heat Flow Meter Apparatus
ASTM C 613—2008	Standard Test Method for Constituent Content of Composite Prepreg by Soxhlet Extraction
ASTM D 638—2010	Standard Test Method for Tensile Properties of Plastics
ASTM D 638—03	Standard Test Method for Tensile Properties of Plastics
ASTM D 695—2010	Standard Test Method for Compressive Properties of Rigid Plastics
ASTM D 696—2008	Standard Test Method for Coefficient of Linear Thermal Expansion of Plastics Between $-30℃$ and $30℃$ with a Vitreous Silica Dilatometer
ASTM D 790—2010	Standard Test Methods for Flexural Properties

<table>
<tr><td></td><td>of Unreinforced and Reinforced Plastics and Electrical Insulating Materials</td></tr>
<tr><td>ASTM D 792—2008</td><td>Standard Method for Density and Specific Gravity (Relative Density) of Plastics by Displacement</td></tr>
<tr><td>ASTM D 882—2012</td><td>Standard Test Method for Tensile Properties of Thin Plastics Sheeting</td></tr>
<tr><td>ASTM D 1505—2010</td><td>Standard Method for Density of Plastics by the density Gradient Techniques</td></tr>
<tr><td>ASTM D 1781—2012</td><td>Standard Test Method for Climbing Drum Peel for Adhesives</td></tr>
<tr><td>ASTM D 2344—2013</td><td>Standard Test Method for Short-Beam Strength of Polymer Matrix Composite Materials and Their Laminates</td></tr>
<tr><td>ASTM D 2766—2009</td><td>Standard Test Method for Heat of Liquids and Solids</td></tr>
<tr><td>ASTM D 3039/D3039M—2014</td><td>Standard Test Method for Tensile Properties of Polymer Matrix Composite Materials</td></tr>
<tr><td>ASTM D 3171—2004</td><td>Standard Test Methods for Constituent Content of Composite Materials</td></tr>
<tr><td>ASTM D 3379—1989</td><td>Tensile Strength and Young-Modulus Single Filament Materials</td></tr>
<tr><td>ASTM D 3410/D3410M—2010</td><td>Standard Test Method for Compressive Properties of Polymer Matrix Composite Materials with Unsupported Gage Section by Shear Loading</td></tr>
<tr><td>ASTM D 3518/D3518M—2013</td><td>Standard Test Method for In-Plane Shear Response of Polymer Matrix Composites by Tensile Test of a ±45° Laminate</td></tr>
<tr><td>ASTM D 3529M—2010</td><td>Standard Test Methods for Constituent Content of Composite Prepreg</td></tr>
<tr><td>ASTM D 3530—2008</td><td>Standard Test Method for Volatiles Content of Composite Material Prepreg</td></tr>
<tr><td>ASTM D 3531/D3531M—2011</td><td>Standard Test Method for Resin Flow of Carbon Fiber-Epoxy Prepreg</td></tr>
<tr><td>ASTM D 3532/D3532M—2012</td><td>Standard Test Method for Gel Time of Carbon Fiber-Epoxy Prepreg</td></tr>
</table>

ASTM D 3776/D3776M—2013   Standard Test Methods for Mass Per Unit Area (Weight) of Fabric

ASTM D 3800—2011   Standard Method for Density for High Modulus Fibers

ASTM D 3846—2008   Standard Test Method for In-Plane Shear Strength of Reinforced Plastics

ASTM D 4018—2011   Standard Test Methods for Properties of Continuous Filament Carbon and Graphite Fiber Tows

ASTM D 4019—1994a   Standard Test Method for Moisture in Plastics by Coulometric Regeneration of Phosphorus Pentoxide

ASTM D 4065—01   Standard Practice for Plastics: Dynamic Mechanical Properties: Determination and Report of Procedures

ASTM D 4255/D4255M—2007   Standard Test Method for In-Plane Shear Properties of Polymer Matrix Composite Materials by the Rail Shear Method

ASTM D 4892—2004   Standard Test Method for Density of Solid Pitch (Helium Pycnometer Method)

ASTM D 5528—2013   Standard Test Method for Mode I Interlaminar Fracture Toughness of Unidirectional Fiber-Reinforced Polymer Matrix Composites

ASTM D 5229/5229M—2004   Standard Test Method for Moisture Absorption Properties and Equilibrium Conditioning of Polymer Matrix Composites

ASTM D 5379—2012   Standard Test Method for Shear Properties of Composite Materials by the V-Notched Beam Method

ASTM D 5467/D5467M—2004   Standard Test Method for Compressive Properties of Unidirectional Polymer Matrix Composites Using a Sandwich Beam

ASTM D 5766/D5766M—2011   Standard Test Method for Open Hole Tensile Strength of Polymer Matrix Composite Laminates

ASTM D 6264/D6264M—2012   Standard Test Method for Measuring the Damage Resistance of a Fiber-Reinforced Polymer-Matrix Composite to a Concentrated Qusai-Static

Indentation Force

ASTM D 6272—2010   Test Method for Flexural Properties of Unreinforced and Reinforced Plastics and Electrical Insulating Materials by Four-Point Bending

ASTM D 6484/D6484M—2009   Standard Test Method for Open-Hole Compressive Strength of Polymer Matrix Composite Laminates

ASTM D 6641/D6641M—2009   Standard Test Method for Determining the Compressive Properties of Polymer Matrix Composite Laminates Using a Combined Loading Compression (CLC) Test Fixture

ASTM D 6742/D6742M—2012   Standard Practice for Filled-Hole Tension and Compression Testing of Polymer Matrix Composite Laminates

ASTM D 7136/D7136M—2012   Standard Test Method for Measuring the Damage Resistance of a Fiber-Reinforced Polymer Matrix Composite to a Drop-Weight Impact Event

ASTM D 7137/D7137M—2012   Standard Test Method for Compressive Residual Strength Properties of Damaged Polymer Matrix Composite Plates

ASTM D 7264/D7264M—2007   Standard Test Method for Flexural Properties of Polymer Matrix Composite Materials

ASTM E 228—2011   Standard Test Method for Linear Thermal Expansion of Solid Materials With a Push Rod Dilaometer

ASTM E 289—2010   Standard Test Method for Linear Thermal Expansion of Ridid Solid With Interferometry

ASTM E 831—2012   Standard Test Method for Linear Thermal Expansion of Solid Materials by Thermomechanical Analysis

ASTM E 1225—2009   Standard Test Method for Thermal Conductivity of Solids by Means of the Guarded-Comparative-Longitudinal Heat Flow Technique

ASTM E 1356—03   Standard Test Method for Assignment of the Glass Transition Temperatures by Differential Scanning Calorimetry

参考文献

[1] D. F. Adams, L. A. Carlsson and R. B. Pipes, Experiment characterization of advanced composites materials, 3rd ed., CRC Press, 2003.

[2] J. M. Hodgkinson, Mechanical Testing of Advanced Fibre Composites, CRC Press, 2000.

[3] J. M. Whitney, I. M. Daniel and R. B. Pipes, Experimental Mechanics of Fiber Reinforced Composite Materials, Prentice-Hall Inc., Englewood Cliffs, 1982.

[4] A. K. Kaw, Mechanics of composite materials, CRC Press, 1997.

[5] I. M. Daniel and O. Ishai, Engineering Mechanics of Composite Materials, Oxford University Press, 1994.

[6] R. F. Gibson, Principles of Composite Material Mechanics, McGraw-Hill, Inc., 1994

[7] J. S. Welsh and D. F. Adams, Current status of compression test methods for composite materials. SAMPE J., 1997, 33 (1), 35-43.

[8] BSS 7260, Advanced Composite Compression Tests, The Boeing Company, Seattle, WA (originally issued February 1982, revised December 1988).

[9] SACMA Recommended Method SRM 1-94, Compressive Properties of Oriented Fiber-Resin Composites, Suppliers of Advanced Composite Materials Association, Arlington, VA, originally issued April 1989, revised 1994.

[10] N. Iosepescu, New accurate procedure for single shear testing of metals, J. Mater., 1967, 2, 537-566.

[11] C. C. Chamis and J. H. Sinclair, 'Ten-deg off-axis test for shear properties in fiber composites', Experimental Mechanics, 1977, 17 (9), 339-346.

[12] T. K. O'Brien, G. B. Murri, and S. A. Salpekar, Interlaminar shear fracture toughness and fatigue thresholds for composite materials, ASTM STP1012, 222-250, 1989.

[13] L. A. Carlsson, J. W. Gillespie, Jr., and B. R. Trethewey, Mode II interlaminar fracture of graphite/epoxy and graphite/PEEK. J. Reinf. Plast. Compos., 1986, 5, 170-187.